南方水稻黑条矮缩病心叶卷曲

水稻白叶枯病症状

水稻恶苗病症状

水稻条纹叶枯病症状

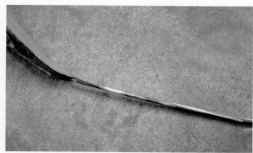

水稻纹枯病症状

二化螟幼虫

二化螟卵块

二化螟成虫

2

稻蟆蛉成虫

稻蟆蛉幼虫及为害状

稻苞虫幼虫

褐飞虱为害状

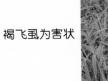

褐飞虱长翅成虫

黑肩绿盲蝽成虫

稻纵卷叶螟成虫

稻纵卷叶螟幼虫

稻纵卷叶螟卵

青翅蚁形隐翅虫

4

水稻秧田灰飞虱

稻缨蚊为害造成的"标葱"

稻蓟马为害状

稻水象甲成虫及为害状

大螟成虫

5

绒茧蜂茧

寄生二化螟幼虫的绒茧蜂茧

二化螟幼虫感染白僵菌

狼 蛛

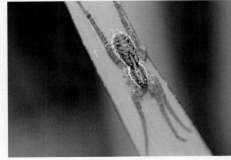

三化螟成虫

三化螟卵块

螟卵啮小蜂寄生三化螟卵块

矮慈姑

牛毛毡

稗

千金子成株

千金子幼苗

水莎草成株

8

农作物病虫草害综合防治技术丛书

水稻病虫草害防治技术问答

编著者

侯茂林　韩永强　王锡锋　魏守辉

金盾出版社

内 容 提 要

本书由中国农业科学院植物保护研究所侯茂林研究员主编，以问答形式对水稻生产中所遇病、虫、草害做了详细介绍。分别讲解了病害的病原、流行特点，害虫的识别特征、发生规律以及杂草的分类识别，最后讲述治理方法。该书内容丰富全面，实用性和操作性强，适合广大农民和农业技术人员参考使用。

图书在版编目(CIP)数据

水稻病虫草害防治技术问答/侯茂林等编著 · — 北京 ：金盾出版社，2013.3(2018.1 重印)

（农作物病虫草害综合防治技术丛书/吴孔明主编）

ISBN 978-7-5082-7895-7

Ⅰ.①水… Ⅱ.①侯… Ⅲ.①水稻—病虫害防治—问题解答②水稻—除草—问题解答 Ⅳ.①S435.11-44②S45-44

中国版本图书馆 CIP 数据核字(2012)第 222181 号

金盾出版社出版、总发行

北京市太平路 5 号(地铁万寿路站往南)

邮政编码：100036 电话：68214039 83219215

传真：68276683 网址：www.jdcbs.cn

封面印刷：北京印刷一厂

彩页正文印刷：北京天宇星印刷厂

装订：北京天宇星印刷厂

各地新华书店经销

开本：850×1168 1/32 印张：5.375 彩页：8 字数：110 千字

2018 年 1 月第 1 版第 4 次印刷

印数：13 001～16 000 册 定价：16.00 元

前　言

　　水稻是我国最主要的粮食作物。近十年来,我国水稻播种面积为 2 800 万～3 200 万公顷,占全国粮食播种面积的 27%。稻谷总产量为 1.8 亿～2 亿吨,占粮食总产量的 39%。全国有 60% 以上的人口以稻米为主食,从事稻作生产的农户接近农户总数的 50%。水稻生产直接关系到我国粮食安全、农民增收和农村稳定。

　　我国水稻种植区域从南到北跨越热带、亚热带、暖温带、中温带和寒温带 5 个温度带,从总体看,由于纬度、温度、季风、降雨量、海拔高度、地形等的影响,我国稻作区域的分布呈现东南部地区多而集中、西北部地区少而分散、西南部垂直分布、从南到北逐渐减少的特点。从稻作类型看,灌溉稻约占 93%,雨养稻约占 4%,陆稻约占 3%。

　　水稻病虫草害发生危害严重,是影响水稻高产、稳产和可持续生产的重要因素。水稻病害有 100 多种,正式记载的有 70 多种,包括真菌病害 50 多种、细菌病害 6 种、病毒及类菌原体病害 11 种、线虫病害 4 种,其中危害较重的有 20 多种。从全国来看,稻瘟病、纹枯病、稻白叶枯病仍然是水稻的三大病害,发生面积大,流行性强,为害严重。稻田虫害有 50 多种,为害较重的害虫有水稻螟虫(二化螟、大螟、三化螟、台湾稻螟)、稻纵卷叶螟、稻飞虱(褐飞虱、白背飞虱、灰飞虱)、直纹稻弄蝶、稻叶蝉(黑尾叶蝉、白翅叶蝉、电光叶蝉)、稻蓟马、稻瘿蚊、稻秆潜蝇等。稻田杂草有 200 余种,其中发生普遍、危害严重的杂草约有 40 种(各稻区普遍分布的有 10～20 种),尤以稗草发生与为害的面积最大,多达 1 400 万公顷,约占稻田总面积的 43%；异型莎草、鸭舌草、千金子、眼子菜等发生与为害也比较严重。水稻病虫草害一般年份造成的产量损失为 10%～30%，严重年份造成的产量损失可达 50%以上。

近年来，随着农村经济社会发展、劳动力转移、种植结构调整、水稻耕作栽培制度演化、气候变暖等因素的影响，我国水稻病虫草害的发生危害规律发生了较多变化。如水稻螟虫优势度发生演替，二化螟的地位进一步提升，大螟也有上升趋势，三化螟在长江中下游稻区的害虫地位下降；水稻两迁害虫(稻飞虱和稻纵卷叶螟)严重发生为害更趋频繁；稻田草害呈上升趋势；水稻病害，特别是水稻病毒病(条纹叶枯病、黑条矮缩病、南方黑条矮缩病)，发生危害加重。

基于水稻病虫草害发生危害规律的变化和出现的新问题，我们收集了国内外研究的新成果和资料，编写了《水稻病虫草害防治技术问答》一书。本书以问答形式介绍了水稻主要病虫草害的种类识别特征、为害症状特征、发生规律与防治技术等方面的知识，以供水稻病虫草害相关的农业技术人员、专业防治机构和稻农参考。

本书在编写过程中得到多位同行专家提供的宝贵文献资料和图片，在此一并表示感谢。

限于编者经验和资料不足，书中遗漏和不足之处，敬请读者和同行批评指正。

编　著　者

目　录

目　录

第一章 概 述

1. 我国水稻生产经历了怎样的发展?

我国水稻生产经历了 4 次飞跃。20 世纪 50 年代播种面积由 1949 年的 2 571 万公顷增加到 1958 年的 3 190 万公顷,单产从 1.9 吨/公顷增加到 2.5 吨/公顷,稻谷总产量从 4 864 万吨增加到 8085 万吨。20 世纪 60 年代初开始推广矮秆良种,至 1975 年单产超过 3.5 吨/公顷,总产量超过 12 500 万吨。20 世纪 70 年代后期开始推广杂交水稻,到 1986 年杂交水稻已占全国水稻播种面积的 50%,全国单产突破 5 吨/公顷,总产量超过 17 000 万吨。20 世纪 90 年代中期以来,大批高产、优质、多抗的常规品种和三系、二系新杂交组合先后推广,1999 年单产达到 6.34 吨/公顷,总产量达到 19 849 万吨。

2. 我国水稻种植划分为哪些稻作区?

我国水稻种植划分为 6 个稻作区。其中,南方有 3 个稻作区,播种面积占全国的 93.6%;北方有 3 个稻作区,仅占全国播种面积的 6%左右。

(1)华南双季稻稻作区 本区位于南岭以南,包括广东、广西、福建、云南 4 省(自治区)的南部和台湾、海南省和南海诸岛全部。约占全国稻作总面积的 17%。种植制度是以双季籼稻为主的一年多熟制,实行与甘蔗、花生、薯类、豆类等作物当年或隔年的水旱轮作。

(2)华中双单季稻稻作区 本区东起东海之滨,西至成都平原西缘,南接南岭山脉,北毗秦岭、淮河。包括江苏、上海、浙江、安徽、湖南、湖北、四川、重庆省(市)的全部或大部,以及陕西、河南两省的南部。约占全国稻作总面积的61%。本区双、单季稻并存,籼、粳、糯稻均有,杂交籼稻占本区稻作面积的55%以上。20世纪90年代以来,本区的双季早稻面积锐减,使本区稻作面积从80年代占全国稻作总面积的68%下降到目前的61%。本区稻米生产的丰欠,对全国粮食形势起着举足轻重的影响。耕作制度为双季稻三熟或单季稻两熟制并存。

(3)西南高原单双季稻稻作区 本区位于云贵高原和西藏高原,包括湖南、贵州、广西、云南、四川、西藏、青海等省(自治区)的部分或大部分。气候垂直差异明显,地貌、地形复杂。约占全国稻作总面积的8%。本区稻作籼粳并存,以单季稻两熟制为主。

(4)华北单季稻稻作区 本区位于秦岭—淮河以北、长城以南、关中平原以东,包括北京、天津、山东省(市)全部,河北、河南省大部,山西、陕西、江苏和安徽省一部分。约占全国稻作总面积的4%。本区以单季粳稻为主。

(5)东北早熟单季稻稻作区 本区位于辽东半岛和长城以北、大兴安岭以东,包括黑龙江及吉林省全部、辽宁省大部和内蒙古自治区的部分地区,是我国纬度最高的稻作区域。本区地势平坦开阔,土层深厚,土壤肥沃,适于发展稻田机械化。耕作制度为一年一熟制。黑龙江省稻区粳稻品质十分优良,稻作面积已扩大到157万公顷,成为我国粳稻的主产省之一。

(6)西北干燥区单季稻稻作区 本区位于大兴安岭以西和长城、祁连山与青藏高原以北,包括新疆、宁夏回族自治区的全部,甘肃、内蒙古和山西省(自治区)的大部,青海省的北部和日月山以东部分,陕西、河北省的北部和辽宁省的西北部。约占全国稻作总面积的1%。耕作制度为一年一熟制,部分地方有隔年水旱轮作。

3. 我国水稻病害主要有哪些种类?

	东北稻区	长江流域稻区	西南稻区	华南稻区
种子和幼苗	稻瘟病、胡麻叶斑病、烂秧、恶苗病、叶鞘腐败病、白叶枯病、细菌性褐斑病、条纹叶枯病、干尖线虫病	稻瘟病、胡麻叶斑病、烂秧、恶苗病、叶鞘腐败病、白叶枯病、细菌性褐斑病、条纹叶枯病、黑条矮缩病、南方黑条矮缩病、干尖线虫病	稻瘟病、胡麻叶斑病、烂秧、恶苗病、叶鞘腐败病、白叶枯病、条纹叶枯病、黑条矮缩病、南方黑条矮缩病、干尖线虫病、根结线虫病	稻瘟病、胡麻叶斑病、烂秧、恶苗病、叶鞘腐败病、白叶枯病、条纹叶枯病、黑条矮缩病、南方黑条矮缩病、干尖线虫病、根结线虫病
生长期	稻瘟病、纹枯病、胡麻叶斑病、恶苗病、稻曲病、窄条斑病、叶黑粉病、叶鞘腐败病、白叶枯病、细菌性褐斑病、条纹叶枯病、干尖线虫病、赤枯病	稻瘟病、纹枯病、胡麻叶斑病、恶苗病、稻曲病、颖枯病、窄条斑病、云形病、叶黑粉病、叶鞘网斑病、叶鞘腐败病、紫秆病、白叶枯病、细菌性条斑病、细菌性褐斑病、细菌性基腐病、条纹叶枯病、黑条矮缩病、南方黑条矮缩病、干尖线虫病、赤枯病、细菌性褐条病	稻瘟病、纹枯病、胡麻叶斑病、恶苗病、一炷香病、稻曲病、颖枯病、窄条斑病、云形病、叶黑粉病、叶鞘腐败病、紫秆病、白叶枯病、细菌性条斑病、细菌性腐病、条纹叶枯病、黑条矮缩病、南方黑条矮缩病、干尖线虫病、根结线虫病、赤枯病、细菌性谷枯病	稻瘟病、纹枯病、胡麻叶斑病、恶苗病、稻曲病、颖枯病、窄条斑病、叶尖枯病、云形病、叶黑粉病、叶鞘网斑病、叶鞘腐败病、紫秆病、白叶枯病、细菌性条斑病、细菌性基腐病、条纹叶枯病、黑条矮缩病、南方黑条矮缩病、干尖线虫病、根结线虫病、赤枯病、细菌性谷枯病、细菌性褐条病

续表

	东北稻区	长江流域稻区	西南稻区	华南稻区
成熟收获期	稻瘟病、纹枯病、胡麻叶斑病、稻曲病、稻粒黑粉病、叶黑粉病、白叶枯病、细菌性褐斑病	稻瘟病、纹枯病、胡麻叶斑病、稻曲病、稻粒黑粉病、颖枯病、叶黑粉病、紫秆病、白叶枯病、细菌性褐斑病	稻瘟病、纹枯病、胡麻叶斑病、稻曲病、颖枯病、一炷香病、稻粒黑粉病、叶黑粉病、紫秆病、白叶枯病、根结线虫病、细菌性谷枯病	稻瘟病、纹枯病、胡麻叶斑病、稻曲病、稻粒黑粉病、颖枯病、叶黑粉病、紫秆病、白叶枯病、根结线虫病、细菌性谷枯病

4. 我国水稻虫害主要有哪些种类？

	东北稻区	长江流域稻区	西南稻区	华南稻区
种子和幼苗	灰飞虱、稻蓟马、稻秆潜蝇、稻水象甲	灰飞虱、白背飞虱、褐飞虱、稻蓟马、稻瘿蚊、稻秆潜蝇、稻水象甲	灰飞虱、白背飞虱、褐飞虱、稻蓟马、稻瘿蚊、稻秆潜蝇	灰飞虱、白背飞虱、褐飞虱、稻蓟马、稻瘿蚊、稻秆潜蝇、稻水象甲
生长期	二化螟、白背飞虱、灰飞虱、直纹稻弄蝶、黑尾叶蝉、稻蓟马、稻秆潜蝇、稻水象甲、黏虫、稻绿蝽	二化螟、大螟、三化螟、稻纵卷叶螟、褐飞虱、白背飞虱、直纹稻弄蝶、黑尾叶蝉、白翅叶蝉、电光叶蝉、稻蓟马、稻瘿蚊、稻秆潜蝇、稻水象甲、黏虫、稻绿蝽	三化螟、二化螟、大螟、台湾稻螟、稻纵卷叶螟、褐飞虱、白背飞虱、灰飞虱、直纹稻弄蝶、黑尾叶蝉、白翅叶蝉、电光叶蝉、稻蓟马、稻秆潜蝇、稻水象甲、黏虫、稻绿蝽	三化螟、二化螟、大螟、台湾稻螟、稻纵卷叶螟、褐飞虱、白背飞虱、直纹稻弄蝶、黑尾叶蝉、白翅叶蝉、电光叶蝉、稻蓟马、稻瘿蚊、稻秆潜蝇、稻水象甲、黏虫、稻绿蝽

续表

	东北稻区	长江流域稻区	西南稻区	华南稻区
成熟收获期	二化螟、白背飞虱、灰飞虱、直纹稻弄蝶、黏虫、稻绿蝽	二化螟、大螟、三化螟、稻纵卷叶螟、褐飞虱、白背飞虱、直纹稻弄蝶、黏虫、稻绿蝽	三化螟、二化螟、大螟、台湾稻螟、稻纵卷叶螟、褐飞虱、白背飞虱、直纹稻弄蝶、黏虫、稻绿蝽	三化螟、二化螟、大螟、台湾稻螟、稻纵卷叶螟、褐飞虱、白背飞虱、直纹稻弄蝶、黏虫、稻绿蝽

5. 我国稻田草害主要有哪些种类？

东北稻区	长江流域稻区	西南稻区	华南稻区
稗、稊壳草、扁秆蔍秆、蔍草、水莎草、异型莎草、眼子菜、凤眼莲、长瓣慈姑、网藻、水绵	稗、牛毛毡、异型莎草、节节菜、鸭舌草、矮慈姑、青萍、野荸荠、蘋、耳基水苋、丁香蓼、眼子菜	稗、牛毛毡、鸭舌草、矮慈姑、眼子菜、蘋、黑藻、小茨藻、长瓣慈姑、野荸荠、水绵、透明鳞荸荠、浮萍、紫萍、泽泻、萤蔺、陌上菜	稗、牛毛毡、异型莎草、千金子、鸭舌草、蘋、节节菜、圆叶节节菜、矮慈姑、空心莲子草、水竹叶、碎米莎草、萤蔺、水虱草、草龙、双穗雀稗

第二章 水稻主要病害及防治

1. 稻瘟病的发生分布特点是什么?

稻瘟病又名稻热病、火烧瘟、叩头瘟、吊颈瘟,是我国南北稻区危害最严重的水稻病害之一,与水稻纹枯病、稻白叶枯病并称为水稻三大病害。我国南自海南岛,北至黑龙江,西起新疆、西藏,东至台湾,凡有水稻栽培的地方都有发生。但以日照少、雾露持续时间长的山区和东北稻区以及气候较温和的沿江、沿海及水稻生育期处于雨季的地区发生重。稻瘟病流行年份一般减产 10%～20%,严重时达 40%～50%,局部田块颗粒无收。

2. 稻瘟病主要发生在什么时期和什么部位?

稻瘟病从水稻苗期到穗期均可发生为害。植株各部位均会受到侵染而发病,主要危害叶片、茎秆、穗部。因危害时期、部位不同分为苗瘟、叶瘟、节瘟、穗颈瘟、谷粒瘟。

3. 如何识别稻瘟病的危害症状?

(1)苗瘟　在 3 叶期前发病,主要由种子带菌而引起。3 叶期前病苗基部灰黑色枯死,无明显病斑;3 叶期后病苗叶片病斑呈纺锤形、菱形或密布不规则形小斑,病斑灰绿色或褐色,湿度大时病斑上产生灰绿色霉层,严重时秧苗成片枯死。北方稻区多不发生苗瘟。

（2）叶瘟　在秧苗 3 叶期至穗期均可发生，分蘖期至拔节期发病较多。初期病斑为水渍状褐点，以后病斑逐步扩大，最终造成叶片枯死。根据病斑形状、大小和色泽的不同，可分为以下 4 种类型：

①普通型（慢性型）病斑　为最常见的症状类型。病斑呈梭形或纺锤形，最外层为淡黄色晕圈，称中毒部；内圈为褐色，称坏死部；中央呈灰白色，称崩溃部。病斑两端常有沿叶脉延伸的褐色长条状坏死线。此"三部一线"是其主要特征，也称典型病斑。空气潮湿时，病斑背面产生青灰色霉层。

②急性型病斑　病斑为椭圆形、圆形、菱形或不规则形，针头大小至绿豆大小，暗绿色，水渍状，叶片正反面都有大量灰绿色霉层。此类病斑发展快，常为流行的先兆。

③白点型病斑　感病品种的嫩叶感病后产生的白色圆形或近圆形小白斑。在气候条件适宜时，可转为急性型病斑。

④褐点型病斑　病斑褐色，针头大小。多产生在气候干燥、抗病品种和稻株下部叶片上，在适温高湿条件下，可转为慢性型病斑。

（3）节瘟　在稻株下部节位上发生。初期在稻节上产生褐色小点，逐步扩展至全节，节部变黑腐烂，并凹陷缢缩，干燥时病部易横裂折断。早期发病可造成白穗。叶枕瘟发生在叶片基部的叶耳、叶环和叶舌上。初期病斑灰绿色，后呈灰白色或灰褐色，潮湿时长出灰绿色霉层,可引起病叶枯死和穗颈瘟。

（4）穗颈瘟、枝梗瘟　在穗颈部和小穗枝梗上发生。病斑初期为暗褐色,渐变为黑褐色。在高湿条件下,病斑产生青灰色霉层。发病早的形成白穗,发病迟者,籽粒不饱满,空秕谷增加,千粒重下降,米质差,碎米率高。

（5）谷粒瘟　在谷粒的内外颖上发生。发病早的病斑呈椭圆形,灰白色,随稻谷成熟,病斑不明显;发病迟的病斑为褐色,椭圆形或不规则形。

4. 稻瘟病的侵染与传播途径有哪些?

病稻草、病谷是稻瘟病病菌的主要越冬场所,也是翌年病害的主要初侵染源。病菌孢子主要借风雨传播,也可经昆虫传播。该病有多次再侵染。孢子接触稻株后,遇适宜温湿度后萌发并直接侵入表皮,也可从伤口侵入,但不从气孔侵入。

双季稻和单季稻混栽可增加病菌的侵染机会。早、晚稻的病秧移栽到本田后将促进叶瘟发生。早稻发病将加重晚稻秧田和单季晚稻本田叶瘟的发生。早稻收割后残留病草上的病菌孢子会传播到连作晚稻本田,诱发叶瘟和穗颈瘟。

5. 水稻品种、气候和栽培管理对稻瘟病发生有何影响?

（1）品种和生育期　一般籼稻较抗病,粳、糯稻较易感病。但同一类型的不同品种、同一品种不同生育期,发病程度也不同。水稻分蘖盛期和始穗期最易感病。

（2）气候条件　气温在20℃~30℃、相对湿度在90%

以上有利于病原菌的生长繁殖。水稻生育期间的温度一般适合发病,所以主要是看雨量和湿度。多雨、多雾、多露、日照少的天气易发生稻瘟病。

(3)栽培管理　移栽过密、田间通风透光差、虫害严重的田块易发病,田间及田埂四周杂草丛生的田块、施用未充分腐熟有机肥的田块易发病。施用氮肥过多或过迟,常引起稻株疯长、表皮细胞硅质化程度降低、叶片柔软披垂,易受病菌侵染而发病;长期灌深水、排水不良、未及时烤田或烤田不好的田块,稻株生长软弱,根系发育不好,也容易发病。

6. 稻瘟病的农业防治措施有哪些?

(1)选用抗病丰产品种　选定的品种种植2~3年后要及时更新或更换,以防止稻瘟病病菌大量积累。

(2)消灭菌源　选无病田留种,用无病土做苗床育秧,及时处理病稻草、病谷以消灭初侵染源,进行种子消毒或包衣。

(3)加强肥水管理　施足基肥,早施追肥,氮、磷、钾肥配合施用,严防偏施氮肥。在排灌方面,前期浅水勤灌,中期(分蘖末期)适时晒田,后期干干湿湿管水。

7. 稻瘟病的化学防治措施有哪些?

(1)播种前处理水稻种子　常用药剂有:75%三环唑可湿性粉剂、10%抗菌剂401乳油、80%抗菌剂402乳油、25%使百克乳油、10%浸种灵乳油、25%施保克乳油、40%异稻瘟净乳剂、70%甲基硫菌灵可湿性粉剂、50%多菌灵可湿性粉剂、50%福美双可湿性粉剂等。用上述药剂浸种 48～72 小时,不需淘洗即可催芽。

(2)防治水稻苗瘟、叶瘟　掌握在发病初期用药。在秧苗 3～4 叶期或移栽前用 20%三环唑可湿性粉剂兑水喷雾或浸秧,可预防稻瘟病的发生。本田从分蘖期开始,如发现发病中心或叶片上有急性型病斑,应及时用药。常用药剂有:20%三环唑可湿性粉剂、40%稻瘟灵可湿性粉剂、40%稻瘟灵乳油、40%异稻瘟净乳油、45%瘟特灵胶悬剂、40%灭病威胶悬剂、15%乙蒜素可湿性粉剂、50%稻瘟酞可湿性粉剂、20%硫·三环·异稻可湿性粉剂、40%克瘟散乳剂等。

(3)防治水稻节瘟、叶枕瘟、穗颈瘟　穗颈瘟要着重在抽穗期进行防治,孕穗末期、破口期和齐穗期是防治适期,各用药 1 次。常用药剂有:75%三环唑可湿性粉剂、20%三环唑可湿性粉剂、75%三环唑可湿性粉剂、70%甲基硫菌灵可湿性粉剂、40%稻瘟灵可湿性粉剂、40%稻瘟灵乳油、40%异稻瘟净乳油、40%克瘟散乳剂、50%稻瘟酞可湿性粉剂、21.2%加收热必可湿性粉剂、45%瘟特灵胶悬剂、40%多硫胶悬剂、2%春雷霉素水剂等。

8. 水稻纹枯病的发生分布和发生时期是什么?

水稻纹枯病又名云纹病、花脚秆,是我国稻区的主要病害之一,全国凡种植水稻的地方均可发生。水稻纹枯病在水稻苗期至穗期均可发生,以分蘖盛期至抽穗期受害最重。该病主要危害水稻叶鞘和叶片,严重时也危害茎秆和穗部。一般受害轻的减产 5%～10%,严重时可达

50％～70％。若水稻生长前期严重受害,造成"倒塘"或"串顶",可导致颗粒无收。

9. 水稻纹枯病的危害症状有哪些?

(1)叶鞘发病　先在近水面处出现暗绿色水渍状小斑点,逐渐扩大呈椭圆形病斑,互相融合成云纹状大斑,由下向上蔓延到上部叶鞘。空气干燥时,病斑中心为灰白色或草黄色,边缘呈暗褐色;潮湿时,病斑中部为灰绿色,边缘暗绿色、湿润状。病部产生白色或灰白色蛛丝状菌丝体,纠结形成白色绒球状菌丝团,最后变成褐色坚硬的菌核,借小量菌丝附着在病斑表面,易脱落。高温条件下,病组织表面产生一层白色粉状霉层。

(2)叶片发病　病斑与叶鞘相似,但形状不规则,病斑外围褪绿或变黄,病情发展迅速时,病部暗绿色似开水烫过,叶片很快呈青枯或腐烂状。

(3)茎秆受害　症状初期似叶片,后期呈黄褐色,易折倒。

(4)穗部发病　轻者呈灰褐色,结实不良;重者不能抽穗,造成"胎里死"或全穗枯死。

10. 水稻纹枯病的侵染来源和过程是什么?

水稻纹枯病病菌主要以菌核在土壤中越冬,也能以菌丝体和菌核在水稻病残体、田间杂草及其他寄主作物上越冬。水稻收割时落入土中大量菌核,成为翌年的主要初侵染源。翌年春灌时菌核飘浮于水面与其他杂物混在一起,插秧后菌核黏附于稻株近水面的叶鞘上,条件适宜时生出菌丝侵入叶鞘组织危害,逐渐形成病斑并长出气生菌丝又侵染邻近植株。水稻拔节期病情开始激增,病害向横向、纵向扩展,抽穗前主要危害叶鞘,抽穗后向叶片、穗颈部扩展。早期落入水中的菌核也可引发稻株再侵染。早稻菌核是晚稻纹枯病的主要侵染源。

11. 水稻纹枯病的发生流行受哪些因素影响?

(1)越冬菌核数量　田间越冬菌核残留量越多,发病越重;一般老稻区发病重,新稻区发病轻。

(2)气候条件　水稻纹枯病适宜在高温、高湿条件下发生和流行。雨日多、湿度大、气温偏低,病情扩展缓慢;湿度大、气温高,病情迅速扩展;高温干燥抑制病情扩展。气温 20℃以上,相对湿度大于 90％,纹枯病开始发生。气温在 28℃~32℃,遇连续降雨,病害发展迅速。气温 20℃以下,田间相对湿度小于 85％,发病迟缓或停止发病。

(3)栽培管理　稻田插秧密度大,长期灌深水或不晒田,过迟或过量单一施用氮肥而且缺少磷、钾、锌肥,均利于水稻纹枯病发生。

(4)品种和植株生育状态　杂交稻比常规稻感病,株型密集、矮秆阔叶、分蘖数多的水稻品种较感病,生育期较短的品种比生育期长的品种发病重。

12. 如何对水稻纹枯病开展农业防治?

(1)选用抗、耐病品种　水稻对纹枯病抗性高的资源较少,目前生产上耐病的早稻品种有博优湛 19、中优早 81,中熟品种豫粳 6、辐龙香糯,晚稻品种有冀粳 14、花粳

45、辽粳 244、沈农 43 等。

（2）消除菌核　实行秋翻，把撒落在地表的菌核深埋在土中。春季灌水耙田和平田插秧前，用布网等工具打捞浮渣及菌核，并销毁。铲除田间、田边、沟边杂草，消灭越冬寄主，减少菌源。

（3）科学管水　按照水稻不同生育期对水分的不同要求，严格管水，贯彻"前浅、中晒、后湿润"的用水原则，避免长期深灌或晒田过度，做到"浅水分蘖、够苗露田、晒田促根，肥田重晒、瘦田轻晒，湿润保穗、不过早断水"。

（4）加强施肥管理　施足基肥，早施追肥，不可偏施氮肥，增施磷、钾肥，使水稻前期不披叶，中期不徒长，后期不贪青。

13. 如何对水稻纹枯病开展化学防治？

（1）化学防治策略　化学防治水稻纹枯病应采取"前压、中控、后保为重点"的策略，根据病害发生情况及时用药。一般在水稻分蘖末期丛发病率达 10％，或水稻拔节至孕穗期丛发病率达 15％时用药防治。前期（分蘖末期）施药可杀死气生菌丝，控制病害的水平扩展；后期（孕穗期至抽穗期）施药可抑制菌核的形成，控制病害垂直扩展，保护稻株顶部功能叶片不受侵染。

（2）常用药剂　50％己唑醇水分散粒剂、30％己唑醇悬浮剂、5％或 10％己唑醇乳油、5％井冈霉素水剂、20％异丙威乳油、30％苯甲·丙环唑乳油、20％井冈霉素可溶性粉剂、50％甲基硫菌灵可湿性粉剂、50％多菌灵可湿性粉剂、30％纹枯利可湿性粉剂、50％甲基立枯灵可湿性粉

剂、33％纹霉净可湿性粉剂、20％稻脚青（甲基肿酸锌）可
湿性粉剂、10％稻宁（甲基砷酸钙）可湿性粉剂、5％田安
（甲基砷酸铁胺）水剂等。

发病较重时可选药剂有 24％噻呋酰胺悬浮剂与 40％
稻瘟灵或 75％三环唑混用、20％担菌灵乳剂、10％灭锈胺
乳剂、25％禾穗宁可湿性粉剂、77％氢氧化铜可湿性粉剂
或 25％粉锈宁可湿性粉剂，分别在孕穗始期、孕穗末期各
防治 1 次，可显著降低病穴率、病株率及功能叶鞘病斑严
重度。也可选用 25％敌力脱（必扑尔）乳油 2 000 倍液，于
水稻孕穗期用药 1 次。

14. 水稻胡麻叶斑病的发生分布和发生时期是什么？

水稻胡麻叶斑病又称水稻胡麻叶枯病，在全国各稻
区均有发生。多发生在因缺水、缺肥而引起水稻生长不
良的稻田。该病在过去发生普遍而严重，成为国内水稻
三大病害之一。随着水稻生产管理和施肥水平的不断提
高，其危害日益减轻，已很少酿成毁灭性灾害。但近年
来，在一些生产水平较低的地方，该病还经常发生，而且
是引起晚稻后期穗枯的主要病害之一。

水稻胡麻叶斑病从秧苗期至收获期均可发病。稻株
地上部均可受害，以叶片受害最普遍，其次为谷粒、穗颈
和枝梗等。

15. 水稻胡麻叶斑病的识别特征是什么？

（1）种子芽期受害　芽鞘变褐，芽未抽出，子叶即枯
死。

（2）苗期叶片、叶鞘发病　秧苗叶片和叶鞘上的病斑多为芝麻粒大小，椭圆形或近圆形，褐色至暗褐色，有时病斑扩大连片成条形，病斑多时秧苗枯死。

（3）成株叶片染病　初为褐色小点，渐扩大为椭圆形病斑，如芝麻粒大小，病斑中央灰褐色至灰白色，边缘褐色，周围有深浅不同的黄色晕圈，严重时连成不规则大斑。病叶由叶尖向内干枯，浅褐色，死苗上产生黑色霉状物（病菌分生孢子梗和分生孢子）。

（4）成株叶鞘染病　病斑初为椭圆形，暗褐色，边缘淡褐色，水渍状，后变为中心灰褐色的不规则大斑。

（5）穗颈和枝梗发病　受害部位暗褐色，造成穗枯，注意与穗颈瘟相区别。

（6）谷粒染病　早期受害的谷粒灰黑色，扩展至全粒造成秕谷。后期受害病斑小，边缘不明显。重病谷粒质脆易碎。气候湿润时，上述病部长出黑色绒状霉层。

此病易与稻瘟病混淆。水稻胡麻叶斑病主要在叶上散生许多大小不等的病斑，病斑中央为灰褐色至灰白色，边缘为褐色，周围有黄色晕圈。病斑的两端无坏死线，这是与稻瘟病的重要区别。

16. 水稻胡麻叶斑病的侵染和发病有何规律？

水稻胡麻叶斑病病菌以菌丝体在病草、颖壳内或以分生孢子附着在种子和病草上越冬，成为翌年初侵染源。病组织上的分生孢子在干燥条件下可存活 2～3 年，而潜伏的菌丝体可存活 3～4 年，但菌丝体翻入土中经一个冬季后失去活力。

带病种子播种后,潜伏的菌丝体可直接侵入幼苗,分生孢子则借气流传播至水稻秧田或本田植株上,萌发菌丝直接穿透侵入或从气孔侵入,条件适宜时很快出现病症,并形成大量分生孢子,借风雨传播进行再侵染。

病菌菌丝生长温度为 5℃~35℃,24℃~30℃最适,分生孢子形成温度为 8℃~33℃,30℃最适。孢子萌发温度为 2℃~40℃,24℃~30℃最适,并需要高湿(相对湿度大于 92%)和水滴存在。饱和湿度下 25℃~28℃,4 小时就可侵入寄主。高温高湿、有雾露存在对该病发生有利。

水稻胡麻叶斑病的发生还与水稻生育期和稻田肥水状况有关。相同品种水稻,一般苗期最易感病,分蘖期抗性增强,分蘖末期抗性又减弱,这与水稻在不同时期对氮素的吸收能力有关。一般缺肥或贫瘠的地块,缺磷少钾的地块,酸性土壤或砂质土壤,漏肥漏水严重的地块,缺水或长期积水的地块,发病重。

17. 水稻胡麻叶斑病的农业防治措施有哪些?

(1)加强水肥管理 施足基肥,适时追肥,氮、磷、钾肥配合施用。对砂质土壤应增施有机肥,提高保水供肥能力。无论秧田或本田,当稻株因缺氮发黄而开始发病时,应及时施用硫酸铵、人粪尿等速效性肥料;如因缺钾而发病,应及时排水,增施钾肥。田间水层管理做到前期浅灌勤灌,适时晒田,后期干湿交替。既要避免长期灌深水造成的土壤通气不良,又要防止缺水受旱。

(2)深耕改土 深耕能促进根系发育良好,增强稻株吸水吸肥能力,提高抗病性。砂质土壤应用腐熟堆肥作基肥；对酸性土壤要注意排水，并施用适量石灰，以促进有机质物质的正常分解，改变土壤酸度。

（3）消灭菌源　选无病田留种，用无病土做苗床育秧，及时处理病稻草和病谷，消灭初侵染源，进行种子消毒或包衣。

18. 水稻胡麻叶斑病的化学防治措施有哪些？

（1）播种前处理水稻种子　处理方法、使用药剂均可参照稻瘟病的防治。

（2）药剂防治的重点　抽穗至乳熟阶段，以保护剑叶、穗颈和谷粒不受侵染。在水稻破口前4～7天和齐穗期各喷药1次，防效较好。

（3）秧田及大田喷雾防治　秧田发现病苗应立即喷药防治。该病在大田主要在水稻分蘖期至抽穗期发生，叶片出现病斑时应及时用药。常用药剂及使用方法参照稻瘟病的防治。

19. 水稻烂秧的类型和危害是什么？

水稻烂秧为苗期病害，是水稻育苗期间多种生理性病害和侵染性病害的总称，也叫烂秧病。生理性烂秧是指不良环境条件造成的烂种、烂芽、黑根、青枯、黄枯和死苗等症状；侵染性烂秧是指绵腐病和立枯病危害引起的死苗症状。南方早稻、北方稻区育苗期间常受低温和寒流天气袭击，烂秧病害每年平均发病率在10%～23%。该病不仅损失谷种、浪费劳力和资金，而且延误季节、影响全年生产。

20. 水稻烂秧的识别症状有哪些?

水稻烂秧可分为烂种、烂芽和死苗。

(1)烂种　主要指稻谷播种后种胚变黑、发臭,甚至腐烂不发芽的现象。

(2)烂芽　指萌动发芽至转青期间芽、根死亡的现象,我国各稻区均有发生。可分为生理性烂芽和侵染性烂芽。

①生理性烂芽　常见的有:淤籽(播种过深,芽鞘不能伸长而腐烂)、露籽(种子露于土表,根不能插入土中而萎蔫干枯)、跷脚(种根不入土而上跷干枯)、倒芽(只长芽不长根,芽鞘与鞘叶徒长,头重脚轻,倒于土面或浮于水面)、钓鱼钩(根、芽生长不良,黄褐色,卷曲,呈现鱼钩状)、黑根(根芽受到毒害,呈"鸡爪状",种根和次生根发黑腐烂)。

②侵染性烂芽　绵腐型烂芽:在低温高湿条件下易发病。多见于旱稻水育秧田。初在幼芽、幼根基部颖壳裂缝处出现乳白色胶状物,随后向四周长出白色呈放射状的絮状物,并因氧化铁沉积或藻类、污泥黏附而呈土褐色或绿褐色,幼芽黄褐枯死,俗称"水杨梅"。受害稻种内部腐烂,不能成苗,或成苗不久就枯死。在秧田中,此种烂秧多先呈星点状分布、面积如碗口大小的烂秧中心,随着发病中心的扩大和相互连合,才出现连片烂秧死苗的严重情况。

立枯型烂芽:初在根芽基部有水浸状淡褐斑,随后长出绵毛状白色菌丝(也有的长出白色或淡粉红霉状物),

幼芽基部缢缩,易拔断,幼根变褐腐烂。开始零星发生,后成簇、成片死亡。

(3)死苗　指第一叶展开后的幼苗死亡。多发生于2~3叶期。分青枯型、黄枯型和立枯型三种。

①青枯型　叶尖不吐水,心叶萎蔫纵卷呈筒状,下叶随后萎蔫筒卷,幼苗污绿色,枯死,俗称"卷心死",病根色暗,根毛稀少。

②黄枯型　死苗从下部叶片开始,从叶尖向叶基逐渐变黄,再由下部叶片逐渐向上部叶片扩展,最后茎基部软化变褐,幼苗黄褐色枯死,俗称"剥皮死"。

③立枯型　出苗前后幼芽或幼根变褐且扭曲终致腐烂。秧苗2~3叶期,先是根部白色变暗,渐出现黄褐色坏死斑,茎基部变褐、软化腐烂,叶片先停止吐水,接着心叶萎蔫卷缩下垂,全株黄褐枯死或垂立青枯。

21. 水稻烂秧病原菌的侵染特点是什么?

引起水稻烂秧的病原菌均属土壤真菌,包括镰刀菌、丝核菌、腐霉菌,能在土壤中长期营腐生生活。镰刀菌多以菌丝和厚垣孢子在多种寄主的残体上或土壤中越冬,条件适宜时产生分生孢子,借气流传播。丝核菌以菌丝和菌核在寄主病残体或土壤中越冬,靠菌丝在幼苗间蔓延传播。腐霉菌则普遍存在,以菌丝或卵孢子在土壤中越冬,条件适宜时产生游动孢子囊,游动孢子借水流传播。

水稻烂秧病菌的寄生性弱,只在稻种有伤口,如种子破损、催芽热伤及冻害情况下,病菌才能侵入种子或幼苗,后孢子随水流扩散传播,遇有寒潮可造成毁灭性损失。

22. 水稻烂秧的非病原性因素有哪些?

冷(冻)害或伤害是造成水稻烂秧的第一因素。

秧苗处于3叶"断奶期"遇上持续低温(< 10℃)、连绵阴雨、日照不足、低洼积水条件,秧芽正常呼吸受阻,会导致正常生理机能削弱,易诱发烂秧。

在一定低温条件下温差变幅大,或土壤中存在有害微生物、有毒物质,或营养元素不平衡都可直接或间接地影响秧苗生活力而易诱发烂秧。偏施氮肥,秧苗叶色浓绿,徒长柔弱或疏于水分管理,受害加重。施用未腐熟有机肥等利于发病。

烂种多由贮藏期受潮、浸种不透、换水不勤、催芽温度过高或过低引起。

烂芽多因秧田水深缺氧或暴热、高温烫芽等引起。

青、黄枯死苗是由于在3叶期前后缺水而造成的,如遇低温袭击或阴冷后暴晴,则加快秧苗死亡。

23. 水稻烂秧的农业防治措施有哪些?

防治水稻烂秧的关键是抓育苗技术,改善秧田环境条件,增强秧苗抗病力。

(1)改进育秧方式 因地制宜地采用旱育秧稀植技术或采用薄膜覆盖或温室保温育秧。露地育秧应在湿润育秧基础上加以改进。秧田位置应选在背风向阳、肥力中等、排灌方便、地势较高的平整田块。秧畦要干耕、干做、水糊,提倡施用日本酵素菌沤制的堆肥或充分腐熟的有机肥。

(2)精选种子 选成熟度好、纯度高且干净的种子,浸种前晒种 1～2 天,降低种子含水量。

(3)抓好浸种催芽关 浸种要浸透,以胚部膨大突起、谷壳呈半透明状至隐约可见月夏白和胚为准,但不能浸种过长。催芽要做到"高温(36℃～38℃)露白、适温(28℃～32℃)催根、淋水长芽、低温炼苗"。也可施用 ABT4 号生根粉,使用浓度为 13 毫克/千克,浸种 8～10 小时,捞出后用清水冲芽即可;也可在移栽前 3～5 天,对秧苗进行喷雾,浓度同上。该方法可有效防治水稻立枯病。

(4)提高播种质量 根据水稻品种特性,确定播期、播种量和苗龄。日均气温稳定通过 12℃时方可播于露地育秧,均匀播种。根据天气预报使播后有 3～5 个晴天,播种以谷陷半粒为宜,并要均匀。播后撒灰保温保湿,有利于扎根竖芽。

(5)加强水肥管理 芽期以扎根立苗为主,保持畦面湿润,不能过早上水,遇霜冻可短时灌水护芽。第一叶展开后可适当灌浅水,2～3 叶期灌水以减小温差,保温防冻。寒潮来临要灌"拦腰水"护苗,冷空气过后转为正常管理。采用薄膜育苗的于上午 8～9 时要揭膜放风,放风前先上薄皮水,防止温、湿度剧变。发现死苗的秧田每天灌 1 次"跑马水"并排出,小水勤灌,冲淡毒物。管水的要诀为"播后晴天晒秧板,平时湿润促快生,湿冷注意排渍水,干冷深灌至 3 叉,霜冻夜间灌过尾,白天排水露秧身,灌水宜用长流水,增加氧气又保湿,寒潮过后太阳猛,注意保持浅水层"。

施肥要掌握基肥稳、追肥少而多次,先量少后量大,提高磷、钾肥比例。齐苗后施"破口"扎根肥,可用清粪水或硫酸铵掺水洒施,第二叶展开后,早施"断奶肥"。秧苗生长慢、叶色黄,遇连阴雨天,更要注意施肥。盐碱化秧田要灌大水冲洗芽尖和畦内盐霜,排除下渗盐碱。

(6)提倡采用地膜覆盖育秧新技术　水稻地膜覆盖育秧能有效解决低温烂秧的难题,可使土壤的温、光、水、气优化组合,创造秧苗良好的生育环境。

24. 水稻烂秧的化学防治措施有哪些?

播种前用药剂处理种子和对秧板进行消毒。种子处理的药剂有 0.3％种衣剂 1 号、50％福美双可湿性粉剂、48％广灭灵水剂、5％萎锈·福美双可湿性粉剂等。秧板消毒的药剂有 25％甲霜灵可湿性粉剂、3.2％恶甲水剂、30％土菌清水剂、3.3％甲霜·福美双粉剂等。

苗期刚发病时应立即施药防治。喷雾防治时期掌握在秧苗 1 叶 1 心期至 2～3 叶期或发病初期。常用药剂有:15％立枯灵液剂、3.2％恶甲水剂、3％甲霜·噁霉灵水剂、48％广灭灵水剂、15％噁霉灵水剂、0.3％多抗霉素水剂、25％甲霜灵可湿性粉剂、65％敌克松可湿性粉剂、40％灭枯散可溶性粉剂、30％立枯灵可湿性粉剂、30％土菌消可湿性粉剂、45％甲霜·噁霉灵可湿性粉剂、25％甲霜·霜霉威可湿性粉剂、1％敌磺钠可湿性粉剂、50％霜

·福·稻瘟灵可湿性粉剂、40％福·甲·杀虫单可湿性
粉剂、20％甲基立枯磷乳油等。

25. 水稻恶苗病的分布及发生现状是什么？

　　水稻恶苗病又称徒长病、白秆病,南方和东南亚一些
国家还有"标茅"、"禾公或标公"的俗称。恶苗病是一种
世界性病害,广泛分布在世界各地的水稻产区;我国以广
东、广西、湖南、江西、云南、辽宁、陕西、黑龙江等地发生
较多。由恶苗病造成的产量损失缺乏精确统计,日本北
海道报道为 20％,有的地区甚至高达 40％～50％。此病
过去发生危害严重,随着种子处理技术的推广,此病已基
本得到控制。但是近几年因各种原因,恶苗病在东北、西
北、华中等稻区有所回升,甚至发生较重。

26. 水稻恶苗病的识别症状是什么？

　　水稻恶苗病从秧苗期到抽穗期均可发病,主要出现
在秧苗期和分蘖后期。

　　(1)秧苗期发病　感病重的稻种多不发芽或发芽后
不久即死亡;轻病种发芽后,植株细高,叶狭窄,全株淡黄
绿色,一般高出健苗 1/3 左右,且根系发育不良,部分病
苗移栽前后即死亡。枯死苗上有淡红色或白色霉状物。

　　(2)本田期发病　病株表现为拔节早、节间长、茎秆
细高、少分蘖、节部弯曲变褐,有不定根。剖开病茎,内有
白色菌丝。本田期非徒长型病株也常见到,主要症状为
病株下部叶片发黄,上部叶片张开角度大,地上部茎节上
长出倒生根,病株不抽穗。枯死病株在潮湿条件下表面

长满淡红色或白色粉霉。轻病株可抽穗,穗短而小,籽粒不实。稻粒感病,严重者变褐、不饱满,或在颖壳上产生红色霉层;轻病者仅谷粒基部或尖端变褐,外观正常,但带病菌。

27. 水稻恶苗病发病有何规律?

(1)侵染途径 水稻恶苗病病菌主要以菌丝体和分生孢子在种子内外越冬,其次是带菌稻草。病菌在干燥条件下可存活 2～3 年,而在潮湿的土面或土中存活极少。病谷所长出的幼苗均为感病株,重者枯死,轻者病株在植株体内半系统扩展(不扩展到花器),刺激植株徒长。在田间,病株产生分生孢子,经风雨传播,从健株伤口侵入引起再侵染。抽穗扬花期,分生孢子传播至花器上,导致种子带菌。

(2)影响发病的因素 水稻恶苗病为高温病害。土温 30℃～35℃有利于其在幼苗上发病,土温在 25℃以下时感病植株不表现症状,高温或中午阳光强烈时移栽的稻田发病多。伤口是病菌侵染的重要途径,种子受机械损伤或秧苗根部受伤,多易发病。一般籼稻较粳稻发病重,糯稻发病轻,晚稻发病重于早稻。旱育秧比水育秧发病重。中午移栽的比早、晚或雨天移栽的发病多。增施氮肥有刺激病害发展的作用。施用未腐熟有机肥发病重。此病无免疫品种,但品种间抗病性有差异。

28. 如何防治水稻恶苗病?

水稻恶苗病的主要初侵染源是带菌种子,因此,建立无病留种田和进行种子处理是防治的关键。

（1）农业防治

①建立无病留种田　留种田应选择无病或发病轻的田块，单独收割，单独脱粒。同时在发病普遍的地区应更换种植抗病品种，避免种植感病品种。并选用健壮稻谷，剔除秕谷和受伤种子。

②改进栽培管理技术　播种前催芽不宜过长，以免播种时种子易受创伤而有利于病原菌的侵入。拔秧时应尽量避免秧根损伤太重，并尽量避免在高温和中午插秧，以减轻发病。提倡在插秧时做到"五不插"：即不插隔夜秧，不插老龄秧，不插深泥秧，不插烈日秧，不插冷水浸的秧。

③及时拔除病株　无论在秧田或本田中发现病株，应结合田间管理及时拔除，并集中晒干烧毁或放入鱼塘喂鱼。

④处理带病稻草　收获后的病稻草应尽量用做燃料或沤制肥料。不用病稻草作为种子消毒或催芽的投送物或捆扎秧把。

（2）化学防治　该病只要种子消毒处理得好，可以得到有效控制。稻种最好先晒1～3天，之后选种和消毒。常用的浸种、拌种、种子包衣药剂有：40％线菌清可湿性粉剂、35％恶苗灵可湿性粉剂、50％多菌灵可湿性粉剂、50％甲基硫菌灵可湿性粉剂、35％恶霉灵胶悬剂、10％二硫氰基甲烷乳油、25％咪鲜胺乳油、25％咪鲜胺水乳剂、75％萎锈·福美双可湿性粉剂、16％咪鲜·杀螟丹可湿性粉剂、50%咪锰·多菌灵可湿性粉剂、45%唑酮·福美双可湿性粉剂、40%拌种双可湿性粉剂、70%噁霉灵种子处理干粉剂、0.25%戊唑醇悬浮种衣剂、1.3%咪鲜·吡虫啉悬浮种衣剂、20%多·咪·福美双悬浮种衣剂、62.5克/升精甲·咯菌腈悬浮种衣剂、15%甲霜·福美双悬浮种衣剂、25克/升咯菌腈悬浮种衣剂、15%多·福悬浮种衣剂等。

29. 稻曲病的发生、分布和危害是什么？

稻曲病又称假黑穗病、绿黑穗病、谷花病、青粉病、"丰收病"、"灰包"等。我国各稻区均有不同程度发生，是危害水稻穗期的主要病害。一般穗发病率为 4%～6%，严重达 50% 以上，粒发病率为 0.2%～0.4%，高的可达5%以上。它不仅使秕谷率、青米率、碎米率增加，局部田块减产20%～30%，而且当稻谷中含有0.5%病粒时能引起人畜中毒。

30. 稻曲病的发生期和识别症状是什么？

（1）发生期 稻曲病仅在水稻开花以后至乳熟期发生，主要危害稻穗中下部的部分谷粒，少则每穗1～2粒，多则可有 10 多粒。

（2）识别症状 此病诊断要点是一个稻穗中仅几粒多者十几粒颖壳变成稻曲病病粒，比正常谷粒大 3～4倍，黄绿色或墨绿色，状似稻粒黑粉病病粒。

病菌侵入谷粒后，在颖壳内形成菌丝块，菌丝块逐渐膨大，使内外颖裂开，露出淡黄绿色块状物（孢子座）。孢子座逐渐膨大，最后包裹颖壳，形成比正常谷粒大 3～4 倍的近球形体，呈黄绿色或墨绿色，表面光滑并有薄膜包被。随子实体生长，薄膜破裂，散出黄绿或墨绿色粉状物（病菌的厚垣孢子），粉状物略带黏性，不易飞散。有的两侧生黑色扁平菌核，风吹雨打易脱落。

31. 稻曲病发病有何规律？

（1）侵染途径　稻曲病病菌以落入土中的菌核和附着在种子表面上的厚垣孢子越冬。翌年 7～8 月间开始产生大量子囊孢子和分生孢子，随气流、雨水、露水传播散落，在水稻破口期侵害花器和幼嫩器官，造成谷粒发病。

稻曲病在北方稻区 1 年只发生 1 次，在南方稻区则以早稻上的厚垣孢子为再次侵染源侵染晚稻，或早抽穗水稻上的厚垣孢子可能成为迟抽穗水稻的侵染源。

（2）影响发病的因素　一般矮秆、叶片宽、角度小、枝梗数多的密穗型品种或晚熟品种发病重，散穗型品种或早熟品种发病轻。杂交稻发病重于常规稻，粳稻重于籼稻，晚稻重于中稻，中稻重于早稻。高密度田块发病重于低密度田块。肥料过多，特别是花期、穗期追施氮肥过多的田块发病重。连作田块发病重。水稻抽穗、扬花期遇低温、多雨、寡日照天气有利于稻曲病发生。稻田淹水、串灌、漫灌也是导致稻曲病流行的一个重要因素。

32. 如何防治稻曲病？

防治策略以抗病育种为主，化学防治为辅，注意适期用药,合理调节农业栽培措施。

（1）农业防治

①选育和利用抗病品种　如推广种植汕优 36、广二 104、选 271、扬稻 3 号、滇粳 40 号、辽盐 2 号、辽粳 10 号、威优 29 等抗病品种,减少桂朝 2 号、桂朝选、丰良黏 1 号、荆糯 6 号、津优 83—176 等感病品种的种植。

②加强栽培管理　注意晒田,发病田块收割后要深翻;选用不带病种子,建立无病留种田;播种前及时清除病残体,结合防治纹枯病,打捞浮渣及菌核,并销毁;合理施用氮、磷、钾肥,施足基肥、巧施穗肥、增施适量硅肥;适时移栽,合理密植,浅灌勤灌。

（2）化学防治

①种子处理　可选用 40％多菌灵胶悬剂、1％石灰水浸种 48 小时以上可以减少部分侵染源。或用 50％苯菌灵可湿性粉剂500～800 倍液浸种,早稻浸 72 小时,晚稻浸 48 小时,浸种后不需水洗可直接播种。这些处理可兼防水稻苗瘟、水稻恶苗病和绵腐病。

②大田喷雾　用药时期应掌握在破口期前 5～7 天。常用药剂有:5％井冈霉素水剂、10％井冈霉素可湿性粉剂、25％三唑酮可湿性粉剂、18％纹曲清可湿性粉剂（井冈霉素＋烯唑醇）、50％稻厚安可湿性粉剂（氧化亚铜＋三唑酮）、14％络氨铜水剂、77％可杀得可湿性粉剂、6％多菌铜粉剂、2％蛇床子素乳油、25％富力库乳油、30％爱苗乳油、井冈霉素或苯醚甲环唑与丙环唑的复配制剂等。

33. 水稻稻粒黑粉病的分布及发生现状是什么？

水稻稻粒黑粉病又称粒黑穗病、稻墨黑穗病,俗称黑粒谷、乌米谷、乌籽等。主要分布在河南、安徽、四川、江苏、浙江、江西、湖南、广东、广西、云南、福建和台湾等地。该病自 20 世纪 70 年代中期推广杂交稻以来,发生日趋严重。特别是杂交稻制种田,受害更重,一般年份病粒率 10%～20%,重病田可达 50% 以上,成为杂交稻制种田最重要的病害之一,严重影响制种田的产量和种子质量。该病的发生与水稻剑叶叶鞘包穗、叶鞘腐败病的发生关系密切,三系杂交稻的不育系经常出现抽穗困难,叶鞘腐败病严重,稻粒黑粉病也常严重发生。

34. 水稻稻粒黑粉病的发生期和识别症状是什么？

(1) 发生期　水稻稻粒黑粉病主要发生在抽穗扬花至乳熟期,在水稻近黄熟时症状才较明显。该病仅为害穗部的谷粒,一般每穗有病粒 1～5 粒,严重的可多至数十粒。

(2) 识别症状　谷粒染病后,病菌先在病粒内部生长,破坏籽粒结构,被害谷粒的全部或部分为病菌黑粉(冬孢子)所取代。在外观上,病粒症状有以下 3 种类型:①病粒不变色,仅在外颖背线基部近护颖处裂开,伸出绛红色或白色膜状包裹的舌状物,破裂后即散出黑粉;②病粒不变色,在内外颖合缝处裂开,露出圆锥形黑色角状物,破裂后散出黑粉;③病粒呈暗绿色或暗黄色,不开裂,外观似青瘪谷,但手捏有松软感,剥开可见内部充满黑色粉末,浸入水中亦显黑色。

35. 水稻稻粒黑粉病的侵染过程是什么?

水稻稻粒黑粉病病菌以厚垣孢子在种子内、土壤中越冬。带菌种子和土壤带菌是重要的初侵染源。该病菌需经过 5 个月以上休眠,当温、湿度条件适合时,厚垣孢子即开始萌发产生担子和担孢子,借气流传播到抽穗扬花的稻穗上,侵入花器或幼嫩的种子,使谷粒不能形成。经过约 10 天的潜育期,形成黑色厚垣孢子充满谷粒。最后谷粒破裂厚垣孢子散发出来,落入土壤和吸附在谷粒上又进入越冬,完成病害循环过程。其厚垣孢子抗逆性很强,在自然条件下可存活 1 年以上,在贮藏的种子上可存活 3 年,在 55℃恒温水中浸 10 分钟仍能存活,病菌即使随病谷通过家禽、家畜的消化道仍可保持发芽力。

36. 影响水稻稻粒黑粉病发生的因素有哪些?

(1)菌源基数 一般连续制种 3 年以上的田块发病较重,且制种时间越长,病害越重,这主要与土壤中积累大量病菌有关。此外,病种子也是重要的初侵染源,病种子带菌率越高,病害发生也就越重。

(2)寄主抗性 病菌在水稻抽穗至乳熟期均可侵染为害,盛花期为病菌入侵高峰期,病菌侵入 10 天后,病粒表现出黑粉症状。粳稻和糯稻发病最轻,籼稻和杂交稻发病也轻,杂交稻制种田发病最重,主要原因是制种田父本、母本间异花授粉,母本花期延长,开颖授粉时间长,为病菌提供了较多的侵染机会。

(3)气候条件 气候因素中以湿度最为重要。在水稻抽穗至乳熟阶段,特别是扬花期,温度在 25℃~30℃,如果出现连续的阴雨天气,不仅有利于孢子萌发、侵入,而且使父本花粉量减少,花粉难于飞散,造成母本花期延长,有利于病害发生。抽穗扬花期天气干旱、晴日多,发病较轻。

(4)栽培管理 病菌厚垣孢子在土壤中可积累,多年制种田菌源多,发病重;轮作田发病轻。偏施氮肥或迟施氮肥,氮、磷、钾比例失调,栽培密度过大,通风透光不良,不及时烤田等发病较重。

37. 水稻稻粒黑粉病的农业防治措施有哪些?

(1)农业防治策略 稻粒黑粉病病菌的侵染部位较为专一,而且时间较短,侵染的几率受柱头外露率影响较大,因此应重视减少田间菌源数量,缩短母本开花时间。

(2)农业防治措施

①检疫控制 严禁从病区引种,防止带菌稻种传入无病区。

②选用抗病品种 如 D 优 68、株两优 173。

③水旱轮作 实行水旱轮作,减少土壤中病菌积累。

④晒田 冬季制种田翻土晒田,可以杀死土壤中的越冬孢子,减少菌源基数。

⑤精选种子 先用重力式精选机选种,可去除 95% 以上的黑粉病粒。再用 7% 的盐水选种,可将病粒全部清除。

⑥加强肥水管理 应注意氮、磷、钾肥的合理搭配,

多施有机肥和磷、钾肥。施肥要早,适时晒田,后期干湿交替,控制田间湿度。在秋季制种地区,对易发病的不育系,尽量不要安排秋种。

⑦搞好花期预测　抽穗扬花期要选择晴日多、湿度小的季节,避开阴雨湿度大的不利天气,以控制病害发生。正确安排父母本播插期,保证父母本花期相遇,使母本开颖后能及时接受到花粉,闭颖快,减轻发病。为了确保花期相遇,可在错期播种前后加 1 期父本,以延长散粉时间。

⑧处理稻谷下扬　每年制种田收割时有 90% 以上的黑粉病粒随着母本收割被带出田间,母本脱粒后,大多数病粒成为下扬,应将这些下扬集中烧掉。

38. 水稻稻粒黑粉病的化学防治措施有哪些?

(1)种子处理　选种后,用 50% 多菌灵可湿性粉剂 800 倍浸种 12 小时,或 300~500 倍液强氯精浸种 12 小时,或 70% 甲基硫菌灵可湿性粉剂 500 倍液浸种 24 小时,或 1% 石灰水浸种 24 小时,或 2% 福尔马林液浸种 3 小时,捞出洗净后,催芽、播种。

(2)大田防治　在生产田水稻始花期、盛花期和灌浆期各用药防治 1 次。常用药剂有:25% 三唑酮可湿性粉剂、70% 甲基硫菌灵可湿性粉剂、50% 多菌灵可湿性粉剂、18.7% 烯唑·多菌灵可湿性粉剂、5% 井冈霉素水剂、克黑净水剂、灭黑 1 号乳油等。

39. 水稻颖枯病的分布和危害现状是什么?

水稻颖枯病又称谷粒病、稻谷枯病,是水稻常见的病害之一。水稻颖枯病仅危害谷粒,发病早的可使稻株不能结实;发病晚的则影响谷粒灌浆充实,千粒重明显降低。该病南方稻区较为多见。发病严重程度与年份和地区有关。发病轻的仍可以结实,但米质差,碎米率高;发病严重的形成秕谷,受害水稻产量和品质均下降。一般可使水稻结实率下降10%左右,稻谷减产5%~8%,严重的可达20%以上。如在浙江萧山一带,新中国成立前曾因该病为害减产25%。

40. 水稻颖枯病的识别症状是什么?

谷粒受害,最初在颖壳尖端或侧面产生淡褐色椭圆形小斑点,后病斑逐渐扩大至谷粒大半或全部,病斑边缘深褐色,中央色泽变浅,最终变为灰白色或枯白色,表面散生许多小黑点,此为病原菌的分生孢子器。因染病时期不同谷粒受害呈以下3种症状:抽穗扬花期发病,花器被破坏,形成空壳;灌浆期受害米粒停止发育,形成秕谷或半充实的谷粒;后期受害仅在谷粒上产生褐色斑点,对产量影响不大。

41. 水稻颖枯病的侵染源和诱发因素有哪些?

(1)侵染源　水稻颖枯病病菌以分生孢子器在病谷粒上越冬。以分生孢子作为初次侵染接种体,借风雨传播,当水稻抽穗后,侵入花器及幼颖致病。

(2)诱发因素　一般在稻株抽穗扬花期如遇暴风雨,稻穗互相摩擦产生伤口,则有利病菌侵入,发病重;偏施、过量施用或迟施氮肥,植株贪青晚熟,发病重;一般倒伏田地面温、湿度高,有利于病菌孢子萌发侵染,发病重;冷水灌溉的田块,发病也较重。

42. 如何防治水稻颖枯病?

(1)农业防治　选用无病种子和抗、耐病品种。严防从病区引种,有病斑的谷粒不能做稻种。加强栽培管理。采用配方施肥技术,避免偏施或迟施氮肥,增施磷、钾肥,增强稻株抗病能力。水稻中后期要保持干湿排灌,防止积水过深,降低田间湿度。

(2)化学防治

①种子消毒　播种前用盐水或泥水选种,然后用以下药剂作浸种处理。70%抗菌素 402、70%甲基硫菌灵可湿性粉剂、20%三环唑可湿性粉剂、50%多菌灵可湿性粉剂、40%多福可湿性粉剂、17%菌虫清可湿性粉剂或福尔马林 500 倍液、2%甲醛溶液、1%硫酸铜溶液等。具体做法是,将稻种用干净冷水预浸 24 小时,再选用上述药剂浸种 24~48 小时,捞出用清水洗净后,催芽、播种。

②大田喷雾防治　重点抓住水稻孕穗后期至抽穗扬花期或病害发生初期进行喷雾防治。另外应根据天气预报,在暴风雨到来前后及时喷药保护。常用药剂有:50%多菌灵可湿性粉剂、70%甲基托布津可湿性粉剂、20%三环唑可湿性粉剂、60%防霉宝可湿性粉剂、70%甲基硫菌灵可湿性粉剂、40%异稻瘟净乳油、40%灭病威悬胶剂等。

43. 水稻"一炷香"病的分布及发生现状是什么?

水稻"一炷香"病分布于云南和四川局部地区。新中国成立前,云南病区的病穗率一般为 5%～20%,严重的达 30%。新中国成立前,该病被列入检疫对象,由于大力推行种子处理,从无病区引进无病良种并改进栽培技术,该病基本得到控制。但近年由于个别地方对种子处理工作抓得不紧,病害又有上升趋势。

44. 水稻"一炷香"病的危害部位和识别症状是什么?

(1)危害部位　该病主要为害穗部,病株的各个分蘖往往全部受害。

(2)识别症状

①穗部症状　受害水稻抽穗前,颖壳内长成米粒状子实体,外壳逐渐变为黑色,同时还有菌丝体缠绕小穗而使其不能散开,抽出的病穗呈直立圆柱状,上面覆盖着白色菌丝体,颇似供佛之香,故称"一炷香"病。有时部分小穗受害后虽仍能散开,但穗粒基本不实。病穗初呈淡蓝色,后变白色,其上散生黑色粒状物。

②剑叶及其叶鞘症状　在抽穗之前,病株剑叶及剑叶叶鞘上有时可见与叶脉平行的白粉条纹。

45. 水稻"一炷香"病的侵染途径和诱发因素有哪些?

(1)侵染途径　水稻一炷香病为系统侵染性病害,病菌以分生孢子座混杂在种子中存活越冬。带菌种子为翌年病害的主要初侵染源。带菌种子播种后,病菌从幼芽侵入,造成当年发病。病菌在稻株体内随着植株的生长发育而扩展,在稻株抽穗之前,病菌已进入幼穗为害。土壤无传病作用。

（2）发病因素　通常旱育秧利于病菌侵染。该病菌也可为害稗草。水稻品种间发病程度有差异，在云南以当地"荔枝红"和"小白谷"品种最易感病。

46. 如何防治水稻"一炷香"病？

（1）检疫控制　实施检疫，严禁将病区种子调入无病区。选无病留种田，或从无病区引种。

（2）农业防治　厉行种子处理。播前进行盐水或泥水选种，以剔除混在种子中的病菌子实体（分生孢子座），减少菌源。实行温汤消毒，52℃～54℃温水浸种 10 分钟，可基本杀死种子上的病菌。

（3）化学防治　水稻各个生育期均能感染该病，关键是要抓住发病初期及时用药防治。常用药剂有：40%灭病威悬胶剂、60%防霉宝可湿性粉剂、50%多菌灵可湿性粉剂等。

47. 水稻云形病的发生分布有哪些特点？

水稻云形病又称叶尖干枯病、褐色叶枯病、叶灼病。该病在云南、江苏、浙江、福建、湖南、广西等稻区均有分布。在广东，20 世纪 70 年代初该病普遍严重发生。早、晚稻皆可发生，一般早稻比晚稻发病重。严重时，发病率可高达 50%以上，减产 15%～20%。水稻云形病从水稻分蘖末期开始发病，至孕穗期大发生，尤以扬花灌浆阶段发病最重。该病主要危害叶片，也可危害穗部。

48. 水稻云形病的识别症状是什么？

被害叶片先从叶尖或叶缘呈现水渍状污褐色小斑，

后向下、向内呈波纹状扩大,病斑中部淡灰褐色,边缘灰绿色,最后呈不规则同心轮纹状。潮湿时病部污褐色,病、健部界限不明显;干燥时病部呈黄褐色至灰褐色,病、健部界限分明。枯死叶片的后部常见波纹状褐色线条,与纵剖的杉木纹理酷似,此为该病害病状的最典型特征。病部上的病征一般不甚明显,但经保湿后在病斑表面可见一薄层灰白色霉,此为病菌无性阶段的分生孢子梗和分生孢子;4～5天后,老病部上还可见针头状突起的小黑点,此为病菌有性阶段的子囊壳。穗轴和枝梗受害,病斑暗褐或紫褐色。

49. 水稻云形病的侵染途径和诱发因素有哪些?

(1)侵染途径 水稻云形病病菌主要以菌丝体在病害组织内越冬,其次以分生孢子附着在种子表面越冬。病叶和带菌种子为该病初侵染源。分生孢子借气流、雨水溅射和小昆虫传播,主要从叶片伤口或水孔侵入致病。在适温(23℃～25℃)和高湿条件下,潜伏期4～7天。病部产生的分生孢子成为再次侵染的接种体。

(2)诱发因素 该病的发生同天气、稻田生态环境、肥水管理、虫害和品种抗病性有密切关系。适温多雨,尤其台风、暴雨频繁的年份有利发病;稻蓟马猖獗为害的年份或田块,该病往往发生严重;山区处于当风处的稻田或低洼谷地的稻田发病较重;偏施氮肥,水稻长势过旺、叶片转色不正常的稻株发病重;叶片阔大、株形披散的品种(如科6、珍珠矮等)比叶片窄细硬直的品种(如窄叶青等)易于感病。

50. 如何防治水稻云形病?

(1)选育和种植抗病品种 选用抗病高产良种,如常规稻"胜优2号"、"七秀粘"、杂交稻"Ⅱ优"系列等良种组合。

(2)处理种子与稻草 不用带病种子,及时处理带病稻草。收获时,对病田的稻草和谷物尽量分别堆放,若稻草还田,应将其犁翻于水和泥土中沤烂。用作堆肥稻草时,应在腐熟后施用。播种前时种子消毒:

①温汤浸种法 冷水浸种24小时,然后在45℃温水浸种5分钟,再在54℃温水浸种10分钟,最后在15℃水中浸至吸水达饱和。

②石灰水浸种法 在50升水中加入0.5千克生石灰。先将石灰溶解过滤,然后把种子放入石灰水中,水面应高出种子17~20厘米。在浸种过程中,注意不要搅动,以免破坏石灰水表面薄膜,导致空气进入而影响杀菌效果。浸种时间因气温不同而有异。

③强氯精浸种法 清水预浸12小时,在强氯精300倍液浸12小时后用清水洗净,最后在清水浸至吸水达饱和。

(3)加强肥水管理 采用配方施肥技术,合理施肥,防止偏施氮肥,增施磷、钾肥和有机肥,培育土壤肥力。多施土杂肥,冬季培育紫云英等绿肥,实行稻草还田等均有利于培育土壤肥力,提高植株抗病能力。有条件时可增施硅肥,对控制病情发展亦有很好的作用。浅水灌溉,适时搁田,见干见湿,湿润灌溉,降低田间湿度,栽培密度不宜过大。

（4）化学防治　加强检查及时喷药除虫防病。从水稻分蘖盛末期开始，根据稻蓟马虫情、苗情和天气情况采取病虫兼治的方法，喷施药剂 2～3 次。在水稻分蘖末期、孕穗期和扬花灌浆期病害初发时即用药防治。常用药剂有：40%克瘟散乳油、20%粉锈宁乳油、50%甲基硫菌灵可湿性粉剂、50%托布津可湿性粉剂、50%多菌灵可湿性粉剂、20%三唑酮可湿性粉剂、20%三环唑可湿性粉、40%禾枯灵可湿性粉剂、40%多·酮可湿性粉剂、60%防霉宝可湿性粉剂、40%多硫酮悬浮剂、40%灭病威胶悬剂等。水稻进入始穗期后，应停用三唑酮类农药，避免降低水稻结实率。

另外，对稻瘟病有效的药剂对水稻云形病亦有一定的防效。

51. 水稻叶鞘腐败病的发生分布有哪些特点？

水稻叶鞘腐败病又名鞘腐病。水稻叶鞘腐败病从秧苗期至抽穗期均可发病，多发生在孕穗期剑叶叶鞘上。以长江流域及其以南稻区发生较多，尤以中稻及晚稻后期发生为重。杂交稻及其制种田发生普遍。感病稻株秕谷率增加，千粒重下降，米质变劣。一般流行年份减产10%～20%，若出现枯孕穗则损失更大，减产可达 50%以上，有的甚至绝收。

52. 水稻叶鞘腐败病的识别症状是什么？

（1）幼苗期　叶鞘上生褐色病斑，边缘不明显。

（2）分蘖期　叶鞘或叶片中脉上初生针头大小的深褐色小点，向上、下扩展后形成菱形深褐色斑，边缘浅褐色，叶片与叶脉交界处多现褐色大片病斑。

（3）孕穗至抽穗期　剑叶叶鞘初现暗褐色小斑，边缘较模糊，多个病斑可连合成云纹状斑块，有时斑外围现黄褐色晕圈。严重时，病斑扩大到叶鞘大部分，包在鞘内的幼穗部分或全部枯死，成为"死胎"枯孕穗；稍轻的则呈"包颈"半抽穗，籽粒灌不上浆，形成大量秕粒。潮湿时斑面上呈现薄层粉霉，剥开剑叶叶鞘，则见其内长有菌丝体及粉霉。

该病病状同水稻纹枯病易混淆，不同之处在于：纹枯病病斑边缘清晰，且病部不限于剑叶叶鞘。

53. 水稻叶鞘腐败病的侵染途径和诱发因素有哪些？

（1）侵染途径　水稻叶鞘腐败病病菌以菌丝体和分生孢子在病种子和病稻草上越冬。以分生孢子作为初侵染与再侵染接种体，借助气流或小昆虫、螨类等携带传播。叶鞘腐败病病菌侵染方式分3种：一是种子带菌。带病种子可随调运远距离传播。翌年种子发芽后病菌从生长点侵入，随稻苗生长而扩展。二是从伤口侵入。受虫害及其他原因等造成的伤口有利于病菌侵入。三是从气孔、水孔等自然孔口侵入，发病后病部形成分生孢子借气流传播进行再侵染。

（2）诱发因素　病害的发生流行同天气、肥水管理、虫害以及品种抗病性等有密切关系。孕穗期降雨多或雾大、露重的天气有利于发病；晚稻孕穗至始穗期遇寒露风致稻株抽穗力减弱时,易于受害;穗肥施氮过多、过迟致植株贪青晚熟的易受害;小昆虫及螨类多的田块易发病;一般抽穗不易离颈(包穗)的品种皆易发病。

54. 如何防治水稻叶鞘腐败病?

(1)选择抗、耐病品种　种植早熟、穗颈长、抗倒伏的抗、耐病品种。

(2)及时处理带病稻草　铲除田边、水沟边杂草,减少田间菌源。

(3)加强水稻栽培管理　插秧时采用宽窄行方式,有利于田间通风透光,降低田间郁闭程度和田间湿度,减少病原菌侵染的机会。合理排灌,实行"浅—湿—干"间歇灌溉技术,尽可能降低田间湿度。采用配方施肥技术,科学施用氮、磷、钾肥,避免氮肥施用过多、过迟。做到早追肥,分期施肥,使稻株生长健壮,不"贪青"、不"早衰"。

(4)种子消毒　常用药剂有:40%多菌灵胶悬剂、40%禾枯灵可湿性粉剂。

(5)及时治虫防病　如稻田发生螟虫、稻飞虱等害虫时,应及时防治,避免咬出伤口诱发病害。防治方法参见水稻虫害部分。

(6)本田喷雾防治以杂交稻及杂交制种田为重点　对杂交稻制种田应于剪叶后随即喷药保护1次。晚稻可于寒露风前后使用叶面营养剂混合杀虫、杀菌剂喷施1~2次,以利抽穗及防病。病害常发区应掌握幼穗分化至孕穗期,根据病情、苗情、天气情况喷药保护1~2次。常用药剂有:40%多菌灵悬胶剂、40%灭病威胶悬剂、50%甲基托布津可湿性粉剂、40％禾枯灵可湿性粉剂、50％丰米超微可湿性粉剂、40％多溴福可湿性粉剂、25％粉锈宁可湿性粉剂、30％噻井可湿性粉剂、25％施保克乳油、25％咪鲜胺乳油、40％稻瘟灵乳油、40％异稻瘟净乳油、50％三唑酮·硫悬浮剂、22％双井水剂等。

喷药时应注意避开水稻扬花期，在上午 10 点之前或下午 3 点之后喷药为宜，以避免影响水稻授粉。

55. 水稻紫秆病的发生分布有哪些特点？

水稻紫秆病又称褐鞘病、紫鞘病、锈秆黄叶病，广东湛江、茂名农民俗称"黑骨"，台湾称之为"水稻不捻症"。该病在 1971 年首次被发现并报道。目前，广西、广东、湖南、湖北、安徽、江苏、浙江、江西、贵州等大部分稻区均有发生。水稻紫秆病一般从水稻孕穗期开始发生，灌浆期症状明显。该病主要为害叶鞘，尤其是剑叶叶鞘和剑叶下叶鞘，致剑叶变黄、叶鞘变褐色，结实率和千粒重明显降低。该病造成稻穗结实率和千粒重明显下降，一般可减产 10％～20％，甚者可达 40％～50％。

56. 水稻紫秆病的识别症状是什么？

田间发病大都始见于稻株抽穗后稻穗灌浆勾头之时，初呈烟灰色散生、针头状的小褐点，随着小褐点数目增加、色泽加深，叶鞘隐约可见边缘模糊不清的暗斑，终致叶鞘大部分甚至全部变褐，呈典型的"褐鞘"、"紫鞘"和"黑骨"病状。褐鞘斑表面不表现病征，但剥开褐鞘，可见其内壁亦变褐、表面散布着疏密不等的"粉尘状物"。用放大镜或双目镜检视,则可见此粉尘状物实为螨类。褐鞘病严重的田块,常出现稻穗不勾头或半勾头,穗粒不实或半实,有的穗颈明显扭曲,这正是台湾所指的"水稻不捻症"。

57. 水稻紫秆病的诱发因素有哪些?

在华南稻区,以晚稻受害为重。高温干旱的年份受害重。肥水管理不当,中后期过量施用氮肥或缺肥、转色不正常的受害重。杂交稻比常规稻受害重。中、晚熟品种比早熟品种受害重。

58. 如何防治水稻紫秆病?

(1)种植抗病品种 如78130、浙辐802、二九丰、305、汕优63、威优64、威优35、加湖5号等。

(2)加强肥水管理 避免偏施或迟施氮肥,适当增施磷、钾肥。使禾苗前期生长健壮,中后期促控得当,叶骨硬直,叶色褪淡不过黄,根系保持活力,稳生稳长,增强植株抵抗力。

(3)冬季清理稻田 冬季结合积肥,铲除田边、沟边杂草,及时翻埋再生稻和落粒自生稻,以恶化害螨滋生地。

(4)施药杀螨控病 掌握幼穗分化期至齐穗期连续施药3~4次,隔10~15天1次,在广东至少应在10月上中旬施药2~3次。常用药剂有:20%双甲脒乳油、25%单甲脒乳油、5%尼索朗乳油、7.5%农螨丹乳油、20%克螨氰菊乳油、50%苯丁锡硫悬浮剂等。药剂防治时着重喷剑叶叶鞘。

59. 水稻白叶枯病的发生分布有哪些特点？

水稻白叶枯病又名白叶瘟、地火烧、茅草瘟，是我国水稻的主要病害之一，目前除新疆外，各稻区均有发生，以华东、华中和华南地区发生普遍、危害严重。水稻白叶枯病为细菌性病害，在水稻整个生育期均可发生危害，以苗期和分蘖期受害最重。该病可侵染水稻各个器官，叶片最易侵染。水稻受害后，叶片干枯，瘪谷增多，米质松脆，千粒重降低，一般减产 20%～30%，严重时可达50%～60%，甚至颗粒无收。

60. 水稻白叶枯病的识别症状是什么？

由于品种、环境和病菌侵染方式的不同，病害症状有以下 5 种类型。

（1）叶枯型　即典型的叶枯型症状。苗期很少出现，一般在分蘖期后才较明显。发病多从叶尖或叶缘开始，初为暗绿色水渍状短侵染线，后沿叶脉从叶缘或中脉迅速向下加长加宽而扩展成黄褐色，最后呈枯白色病斑，可达叶片基部和整个叶片。病健组织交界明显，呈波纹状（粳稻品种）或直线状（籼稻品种），有时病斑前端还有鲜嫩的黄绿色断续条状晕斑。湿度大时，病部易见蜜黄色珠状菌脓。此病的诊断要点是病斑沿叶缘坏死，呈倒"V"字形斑，病部有黄色菌脓溢出，干燥时形成菌胶。

（2）急性型　叶片病斑暗绿色，迅速扩展，几天内可使全叶变成青灰色或灰绿色，呈开水烫状，随即纵卷青枯,病部有黄色珠状菌脓。

（3）凋萎型　一般不常见,多在秧田后期至拔节期发生。病株心叶或心叶下 1～2 叶先呈现失水、青枯,随后其他叶片相继青枯。病轻时仅 1～2 个分蘖青枯死亡;病重时整株整丛枯死。如折断病株茎基部并用手挤压,有大量黄色菌脓溢出;剥开刚刚青卷的枯心叶,也常见叶面有珠状黄色菌脓。这些特点以及病株基部无虫蛀孔,可与螟虫引起的枯心相区别。

（4）中脉型　在剑叶下 1～3 叶中脉表现为淡黄色症状,沿中脉逐渐向上下延伸,并向全株扩展,成为发病中心,这类症状是系统侵染的结果且在抽穗前便枯死。

（5）黄叶（化）型　病株的较老叶片颜色正常,新出叶片均匀褪绿呈黄色或黄绿色宽条斑。之后,病株生长受到抑制。在病株茎基部以及衔接病叶下面的节间有大量病菌存在,但在病叶上检查不到病菌。

61. 水稻白叶枯病的侵染途径和诱发因素有哪些?

（1）侵染途径　水稻白叶枯病病菌可在带病稻种、稻草、稻茬和茭白、紫云英、马唐等多种植物上越冬。翌年播种时,越冬病菌遇水,大量释放病菌,经流水传播至秧田,从秧苗叶片的水孔或伤口侵入,成为带菌苗。当带菌苗移栽至大田后,到分蘖末期,稻株抗病力下降时开始发病。病株叶面或水孔溢出大量病菌菌脓,借风雨、露水、灌溉水、昆虫及人为因素等传播,不断进行再次侵染。

带菌稻种调运是水稻白叶枯病远距离传播的主要途径,也是新病区的主要初侵染源。老病区则以病稻草为主要侵染源。此外,病田长出的再生稻和落粒自生稻病株,也可成为初侵染源。

(2)诱发因素　一般中稻发病重于晚稻,籼稻重于粳稻。矮秆阔叶品种重于高秆窄叶品种,不耐肥品种重于耐肥品种。同一品种苗期抗性较高,到分蘖末期抗性开始下降,幼穗分化期和孕穗期易感病。稻田地势低洼、长期积水、排水不良或沿江河发病重。稻田氮肥过多、生长过旺、土壤酸性、大水漫灌/串灌均有利于病害发生。适温、多雨、风速大和日照不足利于病害发生。特别是台风、暴雨或洪涝有利于病菌的传播和侵入,更易引起病害暴发流行。

62. 如何防治水稻白叶枯病?

防治策略是在控制菌源的前提下,以种植抗病品种为基础,秧苗防治为关键,狠抓肥水管理,辅以药剂防治。

(1)检疫控制　杜绝种子传病。无病区要防止带菌种子传入,保证不从病区引种,确需从病区调种时,要严格做好种子消毒工作。种子消毒方法有:80%抗菌剂"402"2 000倍液浸种48~72小时;20%叶青双500~600倍液浸种24~48小时。

(2)种植抗病品种　目前各地都有抗病丰产性能较好的品种。籼稻抗病品种有青华矮6号、华竹矮、晚华矮1号、扬稻1号、扬稻2号;粳稻抗病品种有秀水48、矮粳23、南粳15、盐粳中作、中华等;杂交稻抗病品种有抗优63、中鉴96~1、中组73、浙大724、银朝占、七星占、两优5189等。

（3）控制压低菌源　及时清理带病稻草、稻桩、再生稻及田边杂草，防止病菌与种、芽、苗接触。避免用病草催芽、盖秧、扎秧把、堵水口。

（4）培育无病壮秧　选用无病种子，选择地势较高且远离村庄、草堆、场地的上年未发病的田块做秧田，避免中稻、晚稻秧田与早稻病田插花；整平秧田，湿润育秧，严防深水淹苗；秧苗3叶期和移栽前3～5天各喷药1次（药剂种类及用法同水稻大田期防治）。

（5）加强肥水管理　应做到排灌分开，浅水勤灌，适时烤田，严防深灌、串灌、漫灌；要施足基肥，早施追肥，避免氮肥施用过猛、过量。

（6）化学防治　喷药防治除应抓好秧田防治外，在大田期特别是水稻进入感病生育期后，要及时调查病情，对有零星发病中心的田块，应及时喷药封锁发病中心，防止扩散蔓延。发病中心多的田块及出现发病中心的感病品种高产田块，应进行全田防治。病害常发区在暴风雨之后应立即喷药。目前常用的杀菌剂有：20％叶枯唑可湿性粉剂、25％叶枯灵可湿性粉剂、10％叶枯净可湿性粉剂、72％农用硫酸链霉素可溶性粉剂、50％氯溴异氰尿酸可溶粉剂、20％噻菌酮悬浮剂、45％代森铵水剂、15％金灭菱（混铜．多菌灵）等。

63. 水稻细菌性条斑病的发生分布有哪些特点？

水稻细菌性条斑病简称细条病，俗称红叶病，是国内重点植物检疫对象之一。主要分布于广东、广西、湖南、湖北、安徽、浙江、福建等省、自治区。水稻细菌性条斑病在水稻整个生育期均可发生危害,以分蘖期至抽穗期受害最重。该病主要危害叶片,有时也危害叶鞘。该病引起的产量损失,因发病时期、发病程度和品种抗性而异,水稻发病后,一般减产 15%～25%,轻病田减产 6%～15%,严重时可达 40%～60%。

64. 水稻细菌性条斑病的识别症状是什么?

病斑初为沿叶脉扩展的暗绿色或黄褐色纤细条纹,长 3～5 毫米,宽 0.5～1 毫米,病斑两端呈浸润型绿色。之后,病斑增多并愈合成不规则或长条状枯白色条斑,对光观察可见病斑为许多半透明的小条斑愈合而成。潮湿条件下,病斑上常溢出大量露珠状深蜜黄色菌脓,感病重的稻田远望一片金黄色,菌脓干燥后不易脱落。病斑可以在叶片的任何部位发生。发病严重时,稻株矮缩,叶片卷曲。该病与水稻白叶枯病有些相似,主要区别如下表。

	水稻白叶枯病	水稻细菌性条斑病
发病部位	从叶尖或叶缘开始	任何部位
病斑形状	条斑	纤细条斑
病斑大小	条斑长可达叶基,宽达整个叶片	3～5 毫米×0.5～1 毫米
病斑颜色	灰白色(籼稻)或黄白色(粳稻)	黄褐色至枯白色
迎光透视病斑	不透明	半透明
菌脓颜色与形态	蜜黄色、珠状	蜜黄色、露珠状
菌脓大小	较大	较小
菌脓数量	较少	较多

65. 水稻细菌性条斑病的侵染途径和诱发因素有哪些?

(1)侵染途径 该病主要由稻种、稻草和自生稻带菌传染,成为初侵染源,也不排除野生稻、李氏禾等的交叉传染。带菌种子的调运是该病远距离传播的主要途径。病菌主要通过灌溉水和雨水等进行传播,从气孔或伤口侵入并繁殖扩展。病斑上溢出的菌脓可借风雨、露滴、水流及叶片之间的接触等途径传播,进行再侵染,使病害不断蔓延扩展。

(2)诱发因素 高温、高湿、多雨有利于病害发生;台风、暴雨造成稻株伤口,有利于病菌侵入、扩展,造成病害流行。

一般来说,杂交稻比常规稻易发病;矮秆品种比高秆品种易发病。粳稻通常较抗病,而籼稻品种绝大多数感病,受害重。此外,偏施或迟施氮肥有利于病害发生;灌水过深的稻田和沿江、沿河的低洼易淹稻田发病较重。

66. 如何防治水稻细菌性条斑病?

(1)检疫控制 防止调运带菌种子而发生远距离传播。

(2)种植抗(耐)病杂交稻 如桂31901、青华矮6号、双桂36、宁粳15、珍桂矮1号、秋桂11、双朝25、广优、梅优、三培占1号、冀粳15、博优等。

(3)压低菌源数量 处理并销毁带病稻草,田间病残体应清除烧毁或沤制腐熟作肥。避免用带病稻草作浸种催芽覆盖物或扎秧把等,以阻断发病源。

(4)培育无病壮秧　　在选用未发生水稻细菌性条斑病的田块作秧田的基础上,采用旱育秧或湿润育秧,避免串灌,严防秧田淹渍;合理搭配施肥,培育无病壮秧。台风、洪水过后,应立即排水,并撒施石灰、草木灰等,抑制病害流行扩展。

(5)加强大田水肥管理　　采用"浅、薄、湿、晒"的排灌技术,切勿深水灌溉、串灌、漫灌,防止水稻生长过程中遭受涝渍灾害;特别注意不要与发病稻田发生串灌,以免造成病害蔓延。施肥要适时适量,切忌中期过量施用氮肥,注意氮、磷、钾肥合理搭配,多施腐熟有机肥,增强稻株抗病力。长势较弱的发病稻田,施药后每 667 平方米可适当施用尿素、氯化钾各 3～4 千克,以利水稻恢复生机;对零星发病的新病田,早期摘除病叶并烧毁,阻止菌源扩散危害。

(6)做好种子消毒处理　　用种要选择来源明确的无病种子,播种前要进行种子消毒处理。可用 85% 三氯异氰尿酸(强氯精)可溶性粉剂 300～500 倍液浸种 12～24小时,捞出用清水洗净后催芽播种。

(7)秧田和本田喷药防治　　在秧苗 3～4 叶期、移栽前各喷药 1 次进行预防,做到带药下田。本田在分蘖盛期、孕穗至抽穗期各喷药 1 次进行保护,台风、暴雨过后应及时喷药保护。遇连续阴雨、日照不足,特别是台风、暴雨等的情况下,细菌性条斑病蔓延很快,一次用药难以控制病情,用药后几天需要注意观察,如病情仍在扩展,应再次用药。常用药剂有：20％叶枯唑可湿性粉剂、10％叶枯净可湿性粉剂、36％三氯异氰尿酸可湿性粉剂、3％辛菌胺可湿性粉剂、5％辛菌胺水剂、1.8％辛菌胺醋酸盐水剂、20％噻菌铜悬浮剂、20％噻唑锌悬浮剂、50％氯溴异氰尿酸可溶粉剂等。

67. 水稻细菌性褐斑病的发生分布有哪些特点？

水稻细菌性褐斑病又称细菌性鞘腐病，是由丁香假单胞菌引起的一种细菌性病害。主要危害水稻、小麦、高粱等禾本科作物。该病是我国东北稻区的重要病害，长江流域稻区也有发生。水稻细菌性褐斑病在水稻苗期到抽穗后期都可发病。该病主要发生于叶片、叶鞘和穗部，一般剑叶叶鞘和穗部发生明显。由于剑叶叶鞘亦有发生，故有细菌性鞘腐病之称。由水稻细菌性褐斑病造成的水稻减产一般在 5％以上。

68. 水稻细菌性褐斑病的识别症状是什么？

（1）叶片染病　初呈褐色水渍状小点，渐扩大成纺锤形、椭圆形或不规则形条斑。病斑为赤褐色至黑褐色，1～5 毫米或更大，边缘现水渍状黄色晕纹，后期病斑中心变褐色至灰褐色，组织坏死，叶片上数个病斑中心常融合成大条形斑，使局部叶片枯死。如病斑发生于叶片边缘时，沿叶脉扩展成赤褐色长条形病斑，病斑上不产生菌脓。

（2）叶鞘染病　多发生于包穗的剑叶叶鞘。病斑为赤褐色，短条形，后融合成水渍状不规则形大斑，后期中央呈灰褐色,组织坏死。剥开受害叶鞘,内部茎秆上有黑褐色条斑,叶鞘被害严重时,稻穗不能抽出。

(3)穗部染病 稻穗受害,一般主要发生于抽穗后不久的颖壳、穗轴上,产生近圆形褐色小斑,严重时整个颖壳变褐,并深入米粒,小穗梗也可受害。谷粒病斑易与水稻胡麻叶斑病混淆,镜检可见切口处有大量菌脓溢出。

69. 水稻细菌性褐斑病的侵染途径和诱发因素有哪些?

(1)侵染途径 水稻细菌性褐斑病病菌在病株残体、种子以及各种野生寄主如无芒野稗、狗尾草、细画眉等10多种禾本科杂草上越冬,在干燥病组织中一般可存活8个月。种子带菌,播种后直接引起幼苗发病,但发病率低。在病残体和野生杂草上越冬的病菌先危害杂草,是水稻初侵染来源之一,后借风、雨传播侵染移栽后的水稻,感病水稻上的病菌再借风、雨传播引起再侵染。此外,病菌在水中可存活20~30天,也可借灌溉水进行传播。病菌主要从伤口侵入,也可从水孔、气孔侵入,凡伤口多的叶片、叶鞘、穗部,均可加重病害发生。害虫为害造成的伤口也有利于病害发生。

(2)诱发因素

①水稻品种 黑龙江省的调查表明,合选04-112、龙品0211-2、龙粳26等品种抗病性较高。

②菌源数量 凡上年残存的水稻病残体、病种子数量多,如不经处理,均可引起翌年水稻发病。稗草、狗尾

草等野生寄主菌源多,也可加重病情。

③稻田管理　一般水、肥管理不当,如氮肥施用过多,长期深水灌溉或酸性土壤,水稻生长不良,病害发生重。

④气象条件　据报道 7~8 月份天气阴冷,再加上大风,尤其暴风雨使稻株叶片多伤,可加重病情。

70. 如何防治水稻细菌性褐斑病?

(1)加强检疫　防止带病种子的调入和调出。重病区注意选用优质、抗病品种,淘汰易感病品种。

(2)消灭菌源　秋季销毁带病稻草,及时铲除田边或池埂上的杂草,压低菌源基数。收获的病种子应进行消毒处理。有条件的可设防风障,减少大风对叶片、叶鞘、穗部造成的伤害。

(3)加强稻田肥水管理　采用测土配方施肥,切忌偏施、晚施氮肥;水的管理要浅水勤灌,严禁深灌、串灌、大水漫灌,以增强水稻的抗病力。

(4)种子处理　带病种子在播种前用药剂处理是十分必要的。种子消毒方法同水稻白叶枯病。

(5)大田喷药防治　在孕穗初期至抽穗初期,根据病情和气候情况及时进行药剂防治,可抑制病害的发生流行。发现中心病株后,应立即开始防治,大风、暴雨过后,应立即再防治 1~2 次。常用药剂有:20%叶枯唑可湿性粉剂、25%叶枯灵可湿性粉剂、10%叶枯净可湿性粉剂、72%农用硫酸链霉素可溶性粉剂、10%氯霉素可湿性粉剂、20%噻菌铜可湿性粉剂、14%胶胺铜水剂等。

71. 水稻细菌性基腐病的发生分布有哪些特点？

水稻细菌性基腐病主要分布的上海、江苏、浙江、福建、广东、湖南、湖北、广西、云南和安徽等南方稻区。水稻细菌性基腐病一般在分蘖期开始发病，在孕穗至抽穗期也可发病。该病主要为害水稻根节部和茎基部。发病轻时引起千粒重下降，出米率低，严重时绝收。

72. 水稻细菌性基腐病的识别症状是什么？

（1）分蘖期发病　常在近土表茎基部叶鞘上产生水浸状椭圆形斑，逐渐扩展为边缘褐色、中间枯白色的不规则形大斑，剥去叶鞘可见根节部变黑褐色，有时可见深褐色纵条，根节腐烂，伴有恶臭，病株心叶青卷、枯黄，似螟害"枯心苗"。

（2）拔节期发病　叶片自下而上褪绿枯黄，近水面叶鞘呈边缘褐色、中间灰色的长条形病斑，根节变色伴有恶臭。

（3）孕穗至抽穗期发病　病株先失水青枯，严重的抽不出穗，形成枯孕穗、半包穗或枯穗；病株基部根节变色，有短而少的倒生根。病株易齐泥拔断，洗净后用手挤压可见乳白色混浊细菌菌脓溢出，有恶臭味。

水稻细菌性基腐病的典型症状是病株根节部和茎基部变为褐色或深褐色，并逐渐变黑腐烂，易拔起，有恶臭。有别于白叶枯病急性凋萎型及螟害"枯心苗"等。

73. 水稻细菌性基腐病的侵染途径和诱发因素有哪些？

(1)侵染途径　水稻细菌性基腐病病菌可在病稻草、病稻桩和杂草上越冬。病菌从叶片水孔、伤口及叶鞘和根系伤口侵入，以根部或茎基部伤口侵入为主。侵入后在根基的气孔中系统感染，在整个生育期重复侵染。早稻在移栽后开始出现症状，抽穗期进入发病高峰。晚稻秧田即可发病，孕穗期进入发病高峰。

(2)诱发因素　秧苗素质差，移栽时难拔、难洗，造成根部伤口，有利于病菌侵入，发病重；偏施或迟施氮肥，缺少有机肥和钾肥，稻苗柔嫩，发病重；分蘖末期不脱水或烤田过度易发病；地势低，黏重土壤通气性差发病重；轮作、直播或小苗移栽稻田发病轻。一般晚稻发病重于早稻。

74. 如何防治水稻细菌性基腐病？

(1)选用抗病良种　如四梅 2 号、广陆矮 4 号、矮粳 23、浙福 802、农林百选、盐粳 2 号、武香粳、汕优 6 号、双糯 4 号、中粳 574、南粳 34 等。

(2)培育壮秧　推广工厂化育秧，采用湿润育秧。合理施用氮肥，适当增施磷、钾肥，确保秧苗易拔易洗，避免秧苗根部和茎基部受伤。

(3)注重插秧质量　要小苗直栽浅栽，避免深插，以利秧苗返青快，分蘖早，长势好，增强植株抗病力。

(4)栽培措施减轻发病　水旱轮作、增施有机肥和钾肥、配方施肥、稻草还田等,均可显著减轻发病。

(5)化学防治 水稻细菌性基腐病应以预防为主,一定要在水稻发病前施药,否则将影响效果。应在水稻移栽前 7～10 天、分蘖期、抽穗前期各施药 1 次,效果显著。常用药剂有:50%氯溴异氰尿酸可溶性粉剂、20%叶青双可湿性粉剂、21%稻病立克水剂、72%农用链霉素可溶性粉剂、20%龙克菌悬浮剂等。

75. 水稻条纹叶枯病的发生分布有哪些特点?

水稻条纹叶枯病是由灰飞虱传毒而引起的一种病毒病害,具有暴发性、间歇性、迁移性的特点。水稻从苗期至孕穗期均可感病,其中以苗期至分蘖期最易感病。华东、华北、东北、西南、中南部分省市均有分布,是水稻生产上的重大毁灭性病害之一,俗称"水稻癌症"。一般地区失治田块病丛率超过 50%,重发地区病丛率超过 90%,减产超过 50%,甚至绝收。

76. 水稻条纹叶枯病的识别症状是什么?

(1)苗期发病 心叶基部出现褪绿黄白斑,后扩展成与叶脉平行的黄色条纹,条纹间仍保持绿色。不同品种表现不一,糯稻、粳稻和高秆籼稻心叶黄白、细弱扭曲、呈纸捻状,弯曲下垂而成"假枯心"。矮秆籼稻不呈枯心状,出现黄绿相间条纹,分蘖减少,病株提早枯死。

(2)分蘖期发病 先在心叶下一叶基部出现褪绿黄斑,后扩展形成不规则黄白色条斑,老叶不显病。籼稻品种不枯心,糯稻品种半数表现枯心。病株常枯孕穗或穗小畸形不实。

（3）拔节期发病　在剑叶下部出现黄绿色条纹，各类型稻均不枯心，可结实，但也有枯孕穗和畸形穗。

病毒病引起的枯心苗与螟虫为害造成的枯心苗相似，但无蛀孔，无虫粪，不易拔起；也有别于蝼蛄为害造成的枯心苗。

77. 水稻条纹叶枯病的传播途径和诱发因素有哪些？

（1）传播途径　水稻条纹叶枯病病毒只能通过介体昆虫传播，其他途径均不传病。传毒的昆虫主要是灰飞虱，一旦获毒可终身带毒，并可经卵传毒。灰飞虱刺吸感病稻株汁液时，病毒粒子通过口针进入灰飞虱体内，经过5～20天（多数为7天）的循回期后，可连续传毒30～40天，1头带毒灰飞虱一生传毒株数为1～29株。

病毒在带毒灰飞虱体内越冬，成为翌年的主要初侵染源。在大、小麦田越冬的灰飞虱若虫，羽化后在原麦田繁殖，后迁飞至水稻秧田或本田传毒为害并繁殖，水稻收获后，迁回冬麦和其他寄主上越冬。

（2）诱发因素　水稻条纹叶枯病的发生程度主要与传毒介体灰飞虱的虫量、带毒率、品种抗性及水稻感病生育期与灰飞虱传毒高峰期的吻合程度等因素密切相关。

①灰飞虱数量　春季气温偏高，降雨少，灰飞虱虫量大、带毒率高，感病品种种植面积大，发病重。

②不同品种发病程度不同　杂交稻和籼稻抗病性强，粳稻易感病，但不同粳稻品种抗性也有明显差异。

③不同生育期发病程度差异大　以苗期及分蘖期最

易感病,在分蘖期达发病高峰,拔节后田间病情趋于稳定。

④不同栽培方式和移栽时间,发病轻重不同　常规移栽田重于小苗抛栽田;麦田套播稻田重于常规移栽田;直播田重于移栽田;早播早栽田重于迟播迟栽田。

另外,水育秧田发病重于旱育秧田;孤立秧田重于连片秧田;田间、田埂杂草丛生及与虫源田较近的秧田、大田发病重。

78. 如何防治水稻条纹叶枯病?

水稻条纹叶枯病发生以后,目前尚无特效药可治,故在防治上应以预防为主。防治策略:治虫防病、切断毒源,治麦田保秧田,治秧田保大田,治前期保后期。

(1)开展虫情监测　水稻条纹叶枯病对水稻生产存在着严重威胁,因此必须加强灰飞虱虫情监测。在 5 月初,对稻区麦田、油菜田和冬闲田开展灰飞虱发生基数调查,重发区要做好灰飞虱带毒率测定,为开展麦田、秧田及大田防治提供依据。

(2)调整稻田耕作制度和作物布局　成片种植,防止灰飞虱在不同季节、不同熟期和早、晚季作物间迁移传病。忌种插花田,秧田不要与麦田相间。调整水稻移栽期,一般往后延迟 15 天左右,可明显降低该病的发生。

(3)推广优质高产、抗虫抗病水稻品种　根据水稻条纹叶枯病粳、糯稻重于籼稻的表现特性,提倡在上年偏重发生稻区扩种籼稻或种植盐稻 8 号、徐稻 3 号等抗病性较好的水稻品种,杜绝种植易感条纹叶枯病的粳、糯稻,如协优 58、协青早、国稻 1 号、渝优 10 等品种。

（4）铲除田边杂草，降低虫源基数　灰飞虱在本地的越冬寄主作物主要是麦田和杂草，田边杂草往往又是麦子收割后至水稻移栽前灰飞虱的过渡场所。因此早春时节铲除田边杂草，破坏灰飞虱栖息场所，可以起到阻断灰飞虱向水稻本田迁移的桥梁作用。

（5）加强栽培管理，提高秧苗素质　可调整育秧方式，全程覆盖防虫网，阻止灰飞虱接触秧苗。不覆防虫网的育秧田要远离麦田，统一时间集中育秧，适当延迟播种期、移栽期，避开灰飞虱发生高峰。其次，在灰飞虱迁入期及时进行化学防治。其次，加强肥水管理，促进秧苗早发，中期健壮。再次，对病田增施磷、钾肥，避免偏施氮肥，促进健株有效分蘖，增强后期补偿能力，减少病害损失。

（6）灰飞虱的化学防治　防治麦田及田边杂草等虫源地的灰飞虱，降低迁入秧田和大田基数。防治药剂同水稻大田。水稻播种前，做好药剂拌种或浸种工作。常用药剂有：25％吡虫啉可湿性粉剂、35％丁硫克百威（好年冬）干拌种剂、48％毒死蜱长效缓释剂等。狠治水稻秧田灰飞虱，在灰飞虱迁入秧田高峰期及时用药防治。防治药剂同水稻大田，移栽前 3～5 天再补治 1 次。适期防治水稻大田灰飞虱，在灰飞虱卵孵高峰期用药防治。

常用药剂有：10％吡虫啉可湿性粉剂、25％噻嗪酮可湿性粉剂、25％速灭威可湿性粉剂、10％叶蝉散可湿性粉剂、25％吡蚜酮可湿性粉剂、35％吡虫·杀虫单可湿性粉剂、10％吡虫·噻嗪酮可湿性粉剂、25％吡虫·异丙威可湿性粉剂、30％吡虫·毒死蜱乳油、45％马拉硫磷乳油、20％速灭威乳油、20％异丙威乳油、40％氯虫·噻虫嗪水分散粒剂、80％氟虫腈水分散粒剂等。

（7）条纹叶枯病病株的化学防治 在历年发生条纹叶枯病的地区，在秧田期或移栽后 7～15 天，每 667 平方米用 40～50 克 1％抗毒丰加 6 克燕化扫飞（80％烯啶·吡蚜酮）喷雾，连防 2 次，既预防水稻条纹叶枯又防治灰飞虱。发现条纹叶枯病感病稻株后，应及时用 50％氯溴异氰尿酸（灭菌成）可溶性粉剂、20％吗胍·乙酸铜可湿性粉剂、31％氮苷·吗啉胍可溶性粉剂、0.5％香菇多糖水剂、2％宁南霉素（菌克毒克）水剂等进行防治，可控制病害蔓延。

79. 水稻黑条矮缩病的发生分布有哪些特点？

水稻黑条矮缩病俗称"矮稻"，是由灰飞虱、白背飞虱和白带飞虱传毒为害而引起的一种病毒病害。具有暴发性、毁灭性、顽固性、隐蔽性的特点。水稻黑条矮缩病在水稻各个生育期均可发生为害，以苗期和分蘖期受害最重。我国最早在 1963 年发现于浙江、江苏和上海一带，在 1965～1967 年间发生较重。但自 1967 年以后病情迅速下降，1978 年以来很少发生。20 世纪 90 年代后，随着灰飞虱种群数量和生态环境的变化，发生危害又逐年加重。受害田块一般减产 20％～50％，严重时可达 60％左右，甚至绝收，对粮食安全、稻农增收危害性极大。

80. 水稻黑条矮缩病的识别症状是什么？

主要症状为植株明显矮缩，分蘖增加，叶片短阔、僵直,叶色深绿,在叶背的叶脉、叶鞘及茎秆表面有初现蜡白色、后变成褐色的短条状瘤状突起,不抽穗或穗小,结实不良。不同生育期染病后的症状略有差异。

(1)苗期发病　心叶生长缓慢,叶片短宽、僵直、浓绿,叶脉有不规则蜡白色瘤状突起,后变黑褐色。根短小,植株矮小,比同期健壮秧苗矮50%左右,不抽穗,常提早枯死。

(2)分蘗期发病　病株分蘗增多、丛生,上部数叶叶枕重叠,心叶破下叶叶鞘而出或从下叶叶枕口呈螺旋状伸出,叶片短而僵直,叶尖略有扭曲畸形,植株矮小。新生分蘗先出现症状,主茎和早期分蘗尚能抽出短小病穗,但病穗缩藏于叶鞘内,形成"半包穗"或"包颈穗",似侏儒病。

(3)抽穗期发病　全株矮缩丛生,有的能抽穗,但抽穗迟而小,半包在叶鞘里,穗颈短缩,结实率低;剑叶短阔、僵直,在中上部叶片基部可见纵向褶皱;在叶背和茎秆上可见蜡白色或黑褐色短条状瘤状突起。

81. 水稻黑条矮缩病的传播途径和诱发因素有哪些?

(1)传播途径　水稻黑条矮缩病病毒为害禾本科的水稻、大麦、小麦、玉米、高粱、粟、稗草、看麦娘和狗尾草等20多种寄主。该病毒通过灰飞虱、白背飞虱、白带飞虱等传播。其中以灰飞虱传毒为主。介体一经染毒,终身带毒,但不经卵传毒。病毒主要在大麦、小麦病株上越冬,部分也可在灰飞虱体内越冬。第一代灰飞虱在病麦上接毒后到早稻和春玉米上传毒。稻田中繁殖的2、3代灰飞虱,在水稻病株上吸毒后,迁入晚稻和秋玉米传毒,晚稻上繁殖的灰飞虱成虫和越冬代若虫又进行传毒,传给大麦和小麦。由于灰飞虱不能在玉米上繁殖,故该病毒对玉米的再侵染作用不大。田间病毒通过麦—稻—麦的途径完成侵染循环。灰飞虱最短获毒时间 30 分钟,1～2 天即可充分获毒,病毒在灰飞虱体内循回期为 8～35 天。接毒时间仅 1 分钟。稻株接毒后潜伏期为 14～24 天。

(2)诱发因素　灰飞虱带毒率高,发病重;晚稻早播比迟播发病重;偏施氮肥,稻苗长势嫩绿,对灰飞虱有诱集作用,发病重。大麦、小麦发病轻重、毒源多少,决定水稻发病程度。

82. 如何防治水稻黑条矮缩病?

水稻黑条矮缩病是通过灰飞虱等传毒引起的一种病毒病,其发病流行与否主要取决于灰飞虱的种群密度和带毒率高低。切断灰飞虱等传播媒介是当前行之有效的防治措施。防治策略与水稻条纹叶枯病类似:治虱防矮、切断毒源,治麦田保秧田,治秧田保大田,治前期保后期。

(1)调整作物布局和栽培措施　成片种植,防止灰飞虱在田块或作物间传毒;采用机插秧、麦后稻直播等轻型栽培措施进行避虫避病,以减少带毒灰飞虱的传毒机会。

(2)水稻播种前防治灰飞虱　水稻播种前及时做好秧田四周杂草上的灰飞虱防治工作,阻断媒介昆虫在上下季作物、不同熟期作物之间和杂草之间的迁移传病。

(3)避免在病源地附近培育秧苗　秧田选择应尽量

远离重病田,提倡秧田集中、连片培育秧苗和覆盖防虫网。若用田头零角做秧田,其秧苗受染传毒几率较高。

(4)加强秧苗期管理　秧苗期应合理平衡施肥,切不可氮肥过多,严控秧苗过嫩过绿,否则易诱集灰飞虱传毒,引起秧苗发病。

(5)适当提高水稻插植株数和插植密度　水稻黑条矮缩病是系统性侵染的病毒病,单株插植一旦发病则整丛矮缩。在重病区适当提高插植株数和插植密度,可减少相对侵染几率,减少大田损失。

(6)灰飞虱的化学防治　参见条纹叶枯病。

(7)病毒病的化学防治　在水稻黑条矮缩病的常发区,在秧田期或移栽后7~15天,每667平方米用40~50克1%多禧利(菇类蛋白多糖)加6克燕化扫飞(80%烯啶·吡蚜酮)或25%吡蚜酮悬浮剂25克,既预防水稻黑条矮缩病又防治灰飞虱。另外,可选用50%氯溴异氰尿酸可溶性粉剂、20%吗胍·乙酸铜可湿性粉剂、31%氮苷·吗啉胍可溶性粉剂、0.5%香菇多糖水剂、2%宁南霉素水剂等进行防治,可提高植株抗病能力,减轻发病危害程度。

(8)及时采取补救措施　秧苗期防治质量差、本田期发病较重的田块,杂交稻移栽后20天内及时拔除病株(丛),并就地入泥而埋,然后从健丛中掰出一半分蘖或用储备秧苗补病苗,适当增施速效肥,促使稻苗恢复群体生长,减轻危害损失。

83. 南方水稻黑条矮缩病发生分布有哪些特点？

南方水稻黑条矮缩病是在我国南方稻区发生流行的一种水稻病毒病。俗称"矮稻"。该病毒于 2001 年在我国首次发现，2008 年被正式鉴定为南方水稻黑条矮缩病毒新种。该病可侵染禾本科的水稻、小麦、玉米、高粱、稗草和狗尾草等 20 多种寄主。杂交稻品种容易感病，水稻感病期主要在分蘖前的苗期（秧苗期和本田初期），拔节以后不易感病，最易感病期为秧（苗）的 2～6 叶期。水稻苗期、分蘖前期感染发病的基本绝收，拔节期和孕穗期发病，产量因侵染时期先后造成损失在 30%～100%。

本病主要由远距离迁飞的白背飞虱持久性传毒，因此南方水稻黑条矮缩病具有流行扩散快、监测防控难、潜在威胁大的显著特点。2009 年全国已有广东、广西、湖南、江西、海南、浙江、福建、湖北和安徽 9 个水稻主产省（区）明确发生，发生面积约 500 万亩，失收面积 10 万亩。

84. 南方水稻黑条矮缩病的识别症状是什么？

水稻各个生育期均可感病，但不同生育期的稻株感病后表现症状有所不同：

（1）秧苗期　病株颜色深绿，心叶生长缓慢，叶片短小而僵直、浓绿。稻株严重矮缩（不及正常株高 1/3），不能拔节，重病株早枯死亡。

（2）大田初期　病株分蘖增多丛生，稻株明显矮缩（约为正常株高 1/2），不抽穗或仅抽包颈穗。

（3）拔节期　稻株矮缩不明显、能抽穗，但穗型小、实粒少、粒重轻。

共同的识别症状是：发病植株矮缩、株分蘖增加，叶色深绿、叶片短阔、僵直，上部叶片的叶面可见凹凸不平的皱折；病株节部有倒生须根及高节位分枝；病株茎秆表面有蜡点状、纵向排列成条形的大小 1～2 毫米的瘤状突起，早期乳白色，后期褐黑色；感病植株根系不发达，须根少而短，严重时根系呈黄褐色。不抽穗或穗小，结实不良。

85. 南方水稻黑条矮缩病的传播途径和诱发因素有哪些？

（1）传播途径　传毒媒介主要为白背飞虱，带（获）毒白背飞虱取食寄主植物即可传毒，白背飞虱不经卵传毒；白背飞虱获毒时间为 30 分钟；病毒在虫体内的循回期 6～10 天。植株之间不相互传毒。病毒初侵染源以外地迁入的带毒白背飞虱为主，冬后带毒寄主（如田间再生苗、杂草等）也可成为初侵染源。病毒主要在小麦、玉米、禾本科杂草病株上越冬，田间病毒通过玉米（杂草）－早稻－晚稻－玉米（杂草）的途径完成侵染循环。

（2）诱发因素　田块间发病程度差异显著，发病轻重取决于带毒白背飞虱迁入量。水稻生育期。苗龄越小越易感病，潜伏期越短；感病越早，发病越重，产量损失越大。分蘖前期感染发病后基本绝收，拔节期和孕穗期发病产量损失在 30%～10%。不同品种间对该病的抵抗力不同，尚未发现有明显抗病性的水稻品种，但常规稻比杂交稻抗病。中晚稻发病重于早稻；育秧移栽田发病重于直播田。

86. 如何防治南方水稻黑条矮缩病？

关键是"治虱防矮"。抓好秧田期和本田初期防治关键时期，避免秧田期和本田初期传毒媒介白背飞虱传毒，控制病毒传播。

（1）种子处理 水稻播种前药剂浸种或拌种。浸种药剂为10%吡虫啉300～500倍液，浸种12小时；拌种在种子催芽露白后用10%高渗吡虫啉可湿性粉剂10克先与少量细土或谷糠拌匀，再均匀拌1千克（以干种子计重）种子即可播种。

（2）秧田避虫 秧田应远离感病稻田和玉米田；采用防虫网覆盖保护或集中保护育秧；秧田不可偏施氮肥，以防秧苗过绿而招诱白背飞虱传毒为害。

（3）健身栽培 历史发生区适当加大秧田播种量，移栽时剔除疑似病株；本田发现感病植株及时拔除或踩入泥土，减少本田毒源；重病田要及时翻耕改种；及时排水晒田，避免重施偏施氮肥等，创造不利于白背飞虱发生的生态环境。

（4）田园清理、减少毒源 农闲时铲除田间、沟边禾本科杂草和水稻再生苗，以减少田间毒源。

（5）药剂防治

①抓好秧苗防病关 秧苗期是南方水稻黑条矮缩病侵染的关键期。秧苗期用25%吡蚜酮40克/667米^{2}或50%烯啶虫胺6～8克/667米^2＋3%植物激活蛋白30

克/667 米² ＋国光稀施美叶面肥 50～80 毫升＋有机硅 10 克/667 米² 次对水 30 升喷雾 1～2 次。尤其移栽前送嫁药必须施用。

②大田防治 移栽后 3～7 天，每 667 平方米用 480 克/升的毒死蜱 100 毫升＋25％吡蚜酮 30～40 克，或 50％烯啶虫胺 6～8 克/667 米² ＋3％植物激活蛋白 30 克/667 米² ＋有机硅 10 克/667 米² 次或 25％速灭威可湿性粉剂 300 克，对水 30 升喷雾。移栽后 10～15 天每 667 平方米用 31％氮苷·盐酸吗啉胍或 20％盐酸吗啉胍·乙酸铜或宁南霉素＋国光稀施美叶面肥 50～80 毫升＋3％植物激活蛋白 30 克/667 米² ＋25％吡蚜酮 30～40 克/667 米² ＋有机硅 10 克/667 米² 次对水 30 升喷雾。

87. 水稻干尖线虫病的发生分布有哪些特点？

水稻干尖线虫病又称干尖病、白尖病。1915 年在日本九州发现。我国浙江、江苏、安徽、湖南、河南、河北、江西、山东、广东、广西、海南、云南、四川、贵州等水稻产区均有发生。发病田块，一般减产 10％～20％，严重的达 30％以上。一般病穗比健穗平均短 5％，秕谷率增加 15％，千粒重减少 7％。

88. 水稻干尖线虫病的识别症状是什么？

水稻整个生育期均可受害。发病部位主要是叶片和穗部。

(1)苗期发病 一般幼苗期不常表现症状。仅有少数在 4～5 片真叶时出现干尖，即叶尖 2～4 厘米处逐渐卷缩变色,叶尖枯死,呈浅灰褐色。病、健部界限明显,继而病部捻曲、歪扭。这种干尖常在移栽或连续风雨时易脱落。

(2)孕穗期发病 病株多在孕穗期症状表现最为明显,剑叶或上部第二、第三叶片尖端1～8厘米处细胞逐渐枯死,变成黄褐色或褐色、半透明、捻曲而成干尖,渐成灰白色,在病健交界处有1条弯曲而明显的褐色锯齿状界纹。成株病叶的干尖不易脱落,收获时都能见到。清晨露水多时,干尖因露水浸透,伸开平直,呈半透明水渍状,露水干后又卷曲成捻纸状。受害严重时,病株剑叶比健株剑叶显著短小,狭窄,呈浓绿色,除少数因剑叶捻转或卷缩造成抽穗困难外,大多数能抽穗,但穗短粒少,秕谷多,千粒重降低。一般主茎有病的全株发病,主茎不发病者分蘖可发病。

诊断水稻干尖线虫病,一是看叶尖是否扭曲,二是看病健交界处有无锯齿状纹。此外,幼穗分化前可在病叶的病健交界处分离到线虫,幼穗分化后则在穗上能分离到线虫。

89. 水稻干尖线虫病的侵染途径和诱发因素有哪些?

(1)侵染途径 水稻干尖线虫以成虫和幼虫潜伏在稻谷的颖壳和米粒间越冬,因而带虫种子是该病的主要初侵染源。线虫在干燥的谷粒内可存活3年左右,而在水中和土壤中不能长期生存,灌溉水和土壤传播较少。当浸种催芽时,种子内线虫开始活动,播种后线虫多游离于水中及土壤中,但大部分线虫死亡,少数线虫遇到幼芽、幼苗,从芽鞘、叶鞘缝隙处侵入,潜存于叶鞘内,以口针刺吸组织汁液,营外寄生生活。随着水稻的生长,线虫逐渐向上部转移,数量也渐增。在孕穗初期前,植株上部几节叶鞘内线虫数量较多。到幼穗形成时,则侵入穗部,大量集中于幼穗颖壳内、外部。

　　病谷内的线虫,大多集中于饱满的谷粒内,其比例占总带虫数的83%～88%;秕谷中仅占12%～17%。雌虫在水稻整个生育期间可繁殖1～2代。在田间线虫可从病株传到健株,引起发病并扩大危害。线虫的远距离传播,主要靠稻种调运或稻壳作为商品包装运输的填充物,而把干尖线虫病传到其他地区。

　　(2)诱发因素　水稻品种间抗性差异明显。管好田水,防止串灌、漫灌,可减少线虫随水流近距离传播为害。播种后半月内,低温多雨,有利于发病。

90. 如何防治水稻干尖线虫病?

　　(1)检疫控制　严格进行检疫。水稻干尖线虫病是种传病害。该病仅在局部地区零星危害,实施检疫是防治该病的主要环节。为防止病区扩大,在调种时必须严格检疫。

　　(2)农业防治

　　①选用无病种子　在无病区或无病田选留无病种子,是简单易行的防治措施。

　　②温汤浸种　先将种子在冷水中预浸24小时,然后在45℃～47℃的温水中浸5分钟,再移入54℃温水中浸10分钟,捞出后用冷水冷却,摊开晾干,即可催芽播种;或

是干燥种子在 56℃～57℃热水中浸 10～15 分钟,不需预浸。

③采用合理的栽培措施　管好田水,防止串灌、漫灌,减少线虫随水流近距离传播为害。根据不同品种特性合理密植,科学配方施肥,增强植株的抗病性。

(3)化学防治

①种子处理　病种可采用药液浸种杀死种子内线虫。盐酸液浸种:用 0.5%盐酸溶液浸种 72 小时,捞出后用清水冲洗,催芽播种。其他浸种药剂有:5.5%浸种灵 II 号、28%线菌清可湿性粉剂、28%线菌灵可湿性粉剂、50%巴丹可湿性粉剂、18%咪鲜·杀螟丹可湿性粉剂、17%杀螟·乙蒜素可湿性粉剂、40%杀线酯(醋酸乙酯)乳油、10%二硫氰基甲烷(浸种灵)乳油、6%杀螟丹水剂等。

②田间防治　可采用毒土撒施法,用 3%呋喃丹颗粒剂 1 000 克,拌细土 17 千克,于秧田平地后撒施;10%克线磷颗粒剂 250 克,拌细土 10 千克,在秧苗 2～3 叶期撒施 1 次。

91. 水稻根结线虫病的分布及发生现状是什么?

水稻根结线虫病是我国 20 世纪 70 年代初在海南岛首次发现的新病害。目前,该病主要分布的广东、广西、海南、云南等省、自治区,多数发生在秧田和陆稻上,在浸水田中也能发生,对水稻生产有较大危害,一般可减产 10%左右,重病田可达 40%～50%。

92. 水稻根结线虫病的危害部位和识别症状是什么？

（1）危害部位 水稻根结线虫病主要发生在水稻根部，尤以根尖为重，但地上部亦可表现症状。

（2）识别症状 被害稻根的根尖初呈扭曲变粗，后膨大成长卵圆形、两端稍尖的根瘤。根瘤初呈白色至乳白色，渐变成淡黄色、棕黄色至黑褐色；质地由坚实而逐渐变软，终致稻根外皮破裂以至腐烂；根瘤由芝麻粒大小至米粒大小不等；数量由几粒至几百粒。随着地下部根瘤数目的增加，地上部表现缺肥症状，病苗叶色变淡，纤弱，移植后返青慢，发根迟，长势差，死苗多。至分蘖期，根瘤数量大增，症状更加明显，表现为植株矮小，根短、叶片均匀黄化，茎秆纤细，分蘖力减弱。抽穗期病株矮小，叶黄，出穗难，呈包颈或不能出穗。结实期受害，病株穗短、结实少、秕谷多。

93. 水稻根结线虫病的侵染途径和诱发因素有哪些？

（1）侵染途径 水稻根结线虫属专一性寄生线虫，寄生于水稻和陆稻上。病原线虫主要以卵随稻根残体遗落土中越冬。翌年春天条件适宜时，卵发育成一龄幼虫，幼虫蜕皮后破卵而出成为二龄幼虫（侵染性幼虫），侵入稻株根部寄生。在取食的同时，分泌毒素，刺激薄壁组织过度生长形成根瘤。幼虫在根瘤内，经 3 次蜕皮发育为成虫。

雌成虫产卵于根瘤内，卵发育成一龄幼虫，幼虫破卵而出成为二龄幼虫，又侵染新根，完成侵染循环。在月平均温度 26℃左右时,线虫完成 1 个世代仅需 27～28 天。在水稻整个生育期间可以发生多次重复侵染。带病土壤和带病秧苗成为该病初次和再次侵染来源。线虫借水流、农具、人畜活动而传播。

(2)诱发因素 该病多发生在丘陵、山区稻田,特别是山坑田、瘦瘠田、砂土田、重酸性田、低洼田、冬浸田发病重;水稻分蘖期发病最重。常见的水稻品种均可受侵染。

94. 如何防治水稻根结线虫病?

(1)检疫控制 加强检疫,严防病原线虫传入无病区。

(2)农业防治 选用抗病品种,秋长 39、科选 661、日本矮等品种发病轻。重病田犁冬晒白,冬种旱作。由于根结线虫在稻茬和杂草的根部越冬,所以犁翻使稻根暴晒,可灭虫而减少虫源。此外,水稻收割后,冬种旱作,种植非寄主植物(如蔬菜、烟草、绿肥等)可减少虫源,并改善稻田生态环境,有明显防病增产作用。增施有机肥或在种植前、移植返青后,增施石灰 75～100 千克/667 米²,有防病增产效果。

(3)化学防治 防治水稻根结线虫病主要以在秧田施用杀线虫剂为主。常用药剂有:10%克线磷颗粒剂、5%呋喃丹颗粒剂、48%氟乐灵乳油、50%巴丹可湿性粉剂、3%米乐尔颗粒剂、20%益舒宝颗粒剂等。因成本较高,大田暂时还不宜提倡使用杀线虫剂。一般杀线虫剂毒性都较高,因此使用时要按高毒农药使用规则操作,注意安全保护。

95. 水稻赤枯病的分布及发生现状是什么?

水稻赤枯病又称铁锈病,俗称"熬苗"、"坐兜"、"僵苗"等,是水稻常见的一种生理性病害,尤以山区稻田为多见。水稻受害后,会造成稻苗出叶慢,分蘖迟缓或不分蘖,株型簇立,叶片枯死,生育期延迟,一般减产10%～20%,严重时出现坐兜死苗,减产可达30%以上。

96. 水稻赤枯病的发生期和识别症状是什么?

(1)发生期　水稻赤枯病一般在水稻分蘖期始发,分蘖盛期达到发病高峰。

(2)识别症状　病株因缺磷、缺钾、缺锌、中毒等原因,根系生长不良,新根不长,老根由黄褐色变成赤褐色,严重的变黑腐烂;地上部分生长缓慢,重病植株生长停滞,分蘖慢而少,甚至不产生分蘖苗;叶片发黄或产生红褐色病斑,叶色暗绿或蓝紫色,由于新叶不长,稻丛呈刷把状,群众称之为"僵苗"。由于致病因素不同症状表现也不一样,主要有以下5种类型。

①土壤缺钾型　因土壤本身有效钾含量低而发病。此类型多发生在浅薄沙土田、漏水田和红、黄壤水田,以及有机肥用量低、氮素化肥用量偏高的稻田。这类田常在水稻栽后十几天开始发病,初期稻株叶色略呈深绿,叶片狭长而软,基部叶片自叶尖沿叶缘两侧向下渐变为黄色或黄褐色,后出现典型症状。稻根短而细,呈黄褐色至暗褐色,根表皮层水渍状透明,根毛少且易脱落。

②土壤缺磷型　因土壤有机质含量低或有效磷含量低而发病。该病一般从下部较老叶片开始,逐渐向幼叶扩展,叶色呈暗绿色或灰绿色,并沿叶脉纵向卷缩,远看苗色暗绿中带有蓝紫色或灰紫色。植株瘦小,分蘖少。

③土壤缺锌型　因土壤中有效锌含量低而发病。一般在酸性土壤中有效锌都比较多,而在石灰性土壤中的锌往往被固定。因为锌在 pH≥6.5 时即开始形成氢氧化锌沉淀而无效化。发病初期,病叶先由中脉失绿黄化,随后出现红褐色斑点,最后变红褐色焦枯;该病由叶片基部逐渐向叶尖或由叶片中部逐渐向叶缘扩展。老叶易发脆,远看稻苗发红,似火烧。

④植株中毒型　因土壤中含有大量还原性化学物质如二价铁、硫化氢(大量施用硫酸铵等含有硫酸根的化肥,在深水缺氧的情况下硫酸根被还原为有毒气体硫化氢)等毒害稻根,降低其活力而发病。此类型多发生在土质黏重、低洼积水、长期灌深水、通气不良和施用过量未腐熟有机肥、绿肥、厩肥和堆肥的田块。这类田稻苗栽后难返青,或返青后稻苗直立,几乎无分蘖,叶尖先向下褪绿,叶片中肋周边黄化并长出红褐色斑点,最后表现出典型症状。稻根为赤褐色,新根少,老根变黑甚至腐烂,有类似臭鸡蛋的气味。

⑤低温诱发型　因长期低温阴雨,影响水稻发根及吸肥能力而发病。此类型多发生在水稻生长前期多阴雨天气或梅雨季节,一般大面积同时发病,只不过有轻有重。由于在低温条件下,植株上部嫩叶变为淡黄色,叶片

上也出现很多褐色针尖状小点,尤以叶尖为多,下部老叶起初呈黄绿色或淡褐色,随后出现典型症状。稻根软绵,弹性差,白根少而细。

97. 水稻赤枯病发病有何规律?

(1)引起赤枯病发病的原因　水稻赤枯病属生理性病害。由于钾、磷、锌等营养元素的缺乏或不能被吸收利用而致病。多见于山区稻田、靠雨水的"望天田"、轻砂质田、过酸的红壤和黄壤稻田。这些稻田或者有机质缺乏,上述营养元素含量低;或者其营养元素溶解度低,成为难以被吸收利用的状态。还有氮、磷、钾、钙等营养元素不平衡,也会影响稻株对磷、钾、锌等的吸收利用,从而造成植株矮小、分蘖减少、叶片窄短、直立、卷曲、皱折和红褐斑点等缺素症状。

稻株根系变黑、朽腐,多见于土壤通透不良的"烂泥田"、地下水位高的"湖洋田"、长期积水的"深灌田"、酸性过强的"铁锈田"、山坑串灌的"冷底田"等类型田;或因施用未充分腐熟的厩肥、堆肥、饼肥,或绿肥施用过量,在温度较低时有机质分解缓慢,温度升高时又急剧分解,形成土壤缺氧,在嫌气状态下有机质分解形成硫化氢等多种有毒物质,毒害稻株根部,生长受阻,叶片也自下而上表现赤枯症状。

(2)影响发病的因素　一般杂交稻重于常规稻,杂交稻组合中老组合重于新组合;而在常规稻品种中矮秆品种又重于高秆品种。干湿交替灌溉,适时撤水晒田的发病较轻,长期灌深水的田块发病较重。多施钾肥可促进稻株生长健壮,抗病力强,发病少,施用适量石灰能中和酸性,促进有机质分解,改良土壤性能,促进稻株生长,减轻赤枯病的发生。

98. 如何防治水稻赤枯病?

防治水稻赤枯病必须以预防为主,采取综合性措施,根据不同发生类型,进行综合分析,找出原因,针对成因采取防治对策。根本措施是改良土壤结构和根据土壤情况增施磷、钾、锌肥。

(1)精耕细作 提倡耕翻,避免连续的免耕、套种,有条件的地区,前茬收获后及时耕翻晒垡,提高土壤的熟化程度,增加土壤通透性。

(2)加强田间管理 培育壮秧,适时移栽;加强水分管理,浅水活棵,干湿交替,适时搁田;平衡施肥,多施腐熟有机肥,增施磷、钾肥,秸秆还田的田块,应适当加大基肥量,基、蘖肥比例调为6:4,氮素适当前移,以加速秸秆的腐烂,促进稻株健壮生长。

(3)采取相应措施,提高稻株抗病能力 稻田发病后,应尽快根据症状表现和土壤情况作出确切诊断,针对不同病因采取相应补救措施。

①土壤缺钾型 对缺钾田块,应补施钾肥如氯化钾、钾磷肥等,也可喷施1%氯化钾或硫酸钾溶液4～5千克/667米²,或0.2%磷酸二氢钾溶液,或施黑白粉(草木灰3份、石灰1份)30～50千克/667米²,适当追施速效氮肥;有机质过多的发酵田块,应立即排水露田;低温阴雨期间,应及时排水,干湿交替管理,防止长期深灌。

对已发病田块,一是适当增施钾肥(施用量22.5千克/667 米^2),防止偏施氮肥;二是适当露田,坚持"浅—湿—干"的水分管理模式,脱水露田,增加土壤通气性,增加根系活力,促发新根,提高根系的吸钾能力;三是喷施生长调节剂,对发病的田块于傍晚时均匀喷施磷酸二氢钾溶液、百施利等生长调节剂,促进秧苗快速转化。必须注意:发病后未追施钾肥而单独追施氮肥则有时反而加重发病。

②土壤缺磷型　对缺磷的稻田,应及时施用过磷酸钙。在酸性土壤上配合施用石灰,能显著提高过磷酸钙的肥效;或将过磷酸钙配成溶液根外喷施,能避免磷在土壤中的固定,而且用量省、见效快。

③土壤缺锌型　发病后应立即排水通气,追施硫酸锌 1 千克/667 米^2,随后露田,促进根系发育,提高吸肥能力。也可以用 0.1% 硫酸锌或氯化锌液进行叶面喷施。必须注意:缺锌时决不可以施用石灰等碱性物质,以免加重病情。

④植株中毒型　对于环境不良,有大量还原性物质存在的稻田,要及时排干水,进行人工扒根,提高土壤透气性,加速土壤环境更新,以后要坚持浅水勤灌或轻度搁田相结合。

第三章　水稻主要害虫及防治

1. 如何识别二化螟？

（1）成虫　雄蛾体长 10～12 毫米。前翅近长方形，黄褐色或灰褐色，翅面散布褐色小黑点，中央有紫黑色斑点 1 个，其下方有斜行排列的同色斑点 3 个，外缘有 7 个小黑点。雌蛾体长 12～15 毫米，头、胸部背面及前翅为黄褐或淡黄褐色，翅面小黑点很少，无紫色斑点，外缘也有 7 个小黑点。

（2）卵　扁椭圆形，数十至二百粒排列成鱼鳞状卵块，外覆透明胶质物。

（3）幼虫　通常 6 龄，二龄以上幼虫腹部背面有 5 条暗褐色纵线，两侧最外缘的纵线（侧线）为横贯气门的气门线，头部淡红褐色或淡褐色。

（4）蛹　多在受害茎秆内（部分在叶鞘内侧），圆筒形，被薄茧。初期淡黄褐色，背部可见 5 条棕色纵线，后变为红褐色，纵纹消失；蛹额中部凸起，腹末略呈方形，有 8 个突起。

2. 二化螟的为害症状有哪些？

水稻从秧田期至成熟期均可遭受二化螟的为害。二化螟在水稻分蘖期为害，造成枯鞘与枯心苗；孕穗抽穗期为害造成枯孕穗和白穗；灌浆成熟期造成虫伤株，秕粒增多,遇大风易折倒。同一卵块孵化的不同幼虫或同一幼虫的转株为害常在田间造成枯心团、白穗群。

二化螟以幼虫为害水稻。为害初期,初孵幼虫群集在叶鞘内侧蛀食,叶鞘外面出现水渍状黄斑;后期叶鞘枯黄,叶片渐死,表现为枯鞘。二龄以后幼虫开始蛀入稻茎取食为害,被蛀茎秆剑叶尖端变黄,严重的心叶枯黄而死(枯心苗)。受害茎上有圆形蛀孔,孔外常有少量虫粪。一根稻茎中常有多头幼虫,多者可达数十头,茎内多黄色虫粪,稻茎易折断。

3. 二化螟有哪些主要生活习性?

成虫白天潜伏于稻丛基部及杂草中,夜间活动,趋光性强。羽化后当晚或第二天即可交尾产卵。雌蛾喜在叶色浓绿、叶片宽大、茎秆粗壮、高大的稻株上产卵。卵多产于叶片表面距叶尖 3～7 厘米处,也可产在叶鞘上。以水稻分蘖期和孕穗期产卵较多;返青期、拔节期及抽穗灌浆期产卵较少。

蚁螟(初孵幼虫)孵出后,一般沿稻叶向下爬行或吐丝下垂,从心叶、叶鞘缝隙或叶鞘外蛀入,先群集在叶鞘内取食内壁组织,二龄后开始蛀入稻茎为害。幼虫有转株为害的习性,在食料不足或水稻生长受阻时,频繁转株,加重为害。幼虫老熟后多在受害作物茎秆内(部分在叶鞘内侧)结薄茧化蛹。

二化螟为寡食性害虫,寄主植物包括水稻和茭白。

4. 二化螟的发生有何规律?

二化螟在全国各稻区均有发生,从北到南 1 年发生 1

～5 代。东北、华北和西北地区,1 年发生 1～2 代;长江流域,主要包括四川、重庆、湖北、湘东北、赣北、安徽、江苏、浙北、上海等地区,1 年发生 2～3 代;广西、广东、湘中南、赣中南、福建、浙东南等地区,1 年发生 4 代;云南和贵州,1 年发生 2～4 代;海南岛 1 年发生 5 代。

二化螟以四至六龄幼虫在稻桩、稻草、茭白及稻田周围、田埂上的杂草茎秆中越冬。由于二化螟越冬环境复杂,越冬幼虫化蛹、羽化时间很不整齐,常持续两个月左右。可形成多次发蛾高峰,造成世代重叠现象,给预测和防治工作带来了困难。

5. 如何防治水稻二化螟?

(1)农业防治 水稻低茬收割,机割田稻茬在入冬前焚烧或灭茬,碎秆还田,春前集中销毁田间有虫稻草,未销毁的稻草用药剂封垛。冬季休闲田灌水泡田,或早春灌水犁耙。这些措施能降低越冬幼虫基数,或减少冬后虫口数量。

(2)诱杀成虫 二化螟成虫有趋光的习性,采用黑光灯在二化螟成虫盛发期诱杀;也可用性引诱剂诱杀雄虫,减少其交配的机会,达到减轻危害的目的。

(3)化学防治 根据当地虫情测报情况,掌握好施药时期。一般在二化螟卵孵化高峰后 3～5 天,或初见枯鞘时、正值低龄幼虫期(一至二龄)进行防治。常用药剂有:20%阿维·三唑磷乳油、25%唑磷·毒死蜱乳油、25%阿维·毒死蜱乳油、12%马拉·杀螟松乳油、20%马拉·三唑磷乳油、25%丙溴·辛硫磷乳油、20%乙酰甲胺磷乳油、25％喹硫磷乳油、42％特力克乳油、50％杀螟腈乳油、20％杀虫双水剂、80％氟虫腈水分散粒剂、80％杀虫单可湿性粉剂、50％杀螟丹（巴丹）可湿性粉剂、5％杀虫双颗粒剂、48％乐斯本乳油加杀虫双、5％氯虫苯甲酰胺悬浮剂等。

施药期间田间保持 3～5 厘米浅水层 3～5 天，可提高防治效果。

6. 如何识别大螟？

（1）成虫　体长 12～15 毫米，头、胸部淡黄褐色，腹部淡黄色至灰白色；前翅近长方形，淡灰褐色，有光泽，翅中部有明显的暗褐色纵纹，纵纹上下各有 2 个小黑点；雌蛾触角丝状，雄蛾触角栉齿状。

（2）卵　扁球形，初产时白色，渐变为灰黄色，多聚产于叶鞘内侧，常 2～4 行呈带状排列。

（3）幼虫　通常 6 龄，末龄幼虫体长约 30 毫米，虫体粗壮，头红褐色至暗褐色，胸腹部淡黄色，背面带紫红色。

（4）蛹　初蛹淡黄色，后变为黄褐色，头、胸部具灰白色粉状物，腹部末端有 4 个小突起。

7. 如何识别大螟的为害症状？

大螟的为害症状基本与二化螟相同。幼虫钻蛀为害也可造成枯鞘、枯心苗、枯孕穗、白穗、虫伤株及相应的枯心团和白穗群，稻茎内可有多头幼虫。但为害的蛀孔较二化螟大，且为长圆形或长条形、边缘不整齐；有大量虫粪排出稻茎外，与二化螟不同。大螟为害造成的枯心苗，蛀孔大、虫粪多,且大部分不在稻茎内,多夹在叶鞘和茎秆之间,受害稻茎的叶片、叶鞘都变为黄色。大螟为害造成的枯心苗田边较多,田中间较少,易与二化螟、三化螟区分。

8. 大螟有哪些主要生活习性?

成虫白天潜伏于稻丛基部及杂草中,夜间活动,趋光性弱(不及二化螟和三化螟)。雌蛾喜在叶色浓绿、叶片宽大、茎秆粗壮、高大的稻株上产卵,田边稻株、杂交稻品种落卵量大,受害较重。卵多产于叶鞘内侧近叶舌处。

幼虫孵化后,先群集于叶鞘内侧取食为害,造成枯鞘;二至三龄后分散蛀入稻茎为害,造成枯心苗或白穗。幼虫有转株为害的习性,蛀食一般不过节,一节食尽即转移,1头幼虫一生可为害3～4株水稻。幼虫老熟后多在稻茎内、枯叶鞘内、稻丛间化蛹,少数越冬幼虫可在杂草茎秆或泥土中化蛹。

大螟为多食性害虫,寄主植物包括水稻、茭白、玉米、甘蔗和禾本科杂草等。

9. 大螟的发生有何规律?

大螟1年发生3～8代,主要分布在陕西周至—河南信阳—安徽合肥—江苏淮阴一线以南。江苏、浙江、上海、安徽等地,1年发生3～4代;江西、湖南、湖北、四川等地,1年发生4代;福建、广西、云南开远等地,1年发生4～5代;广东南部、台湾等地,1年发生6～8代。

大螟以三龄以上幼虫在稻桩、稻草、杂草根部及玉米、茭白等作物茎秆或根茬内越冬。翌年春季气温高于10℃时,老熟幼虫开始化蛹,15℃时羽化。越冬代成虫把卵产在春玉米或田边看麦娘、李氏禾等杂草叶鞘内侧,幼虫孵化后再转移到邻近稻田边行稻株上取食为害。

10. 如何防治水稻大螟?

(1)农业防治 冬春期铲除田边、水沟边杂草,消灭越冬幼虫。早稻收获后,及时犁翻沤田;早玉米收获时,清除遗株,消灭其中的幼虫和蛹;有茭白的地区,冬季或早春齐泥割除茭白残株,沤肥或作燃料。在大螟卵盛孵前,及时铲除田边杂草,可有效降低第一代虫量。

(2)化学防治 根据大螟喜欢在高大植株上产卵的习性。早栽早发的早稻、杂交稻以及大螟产卵期正处在孕穗至抽穗期,茎秆粗壮、叶大、浓绿的田块是药剂防治的重点。在各代卵块盛孵始期,重点防治稻田边行。生产上当枯鞘率达5%或始见枯心苗为害状时,大部分幼虫处在一至二龄阶段,应及时防治。

常用药剂有:18%杀虫双水剂、22%井冈·杀虫双水剂、95%杀虫单可湿性粉剂、50%井冈·杀虫单可湿性粉剂、50%三环·杀虫单可湿性粉剂、50%噻嗪·杀虫单可湿性粉剂、70%吡虫·杀虫单可湿性粉剂、40%乙酰甲胺磷乳油、25%喹硫磷乳油、40%水胺硫磷乳油、45%杀螟硫磷乳油、40%辛硫·三唑磷乳油、8 000IU/微升苏云金杆菌悬浮剂、5%氯虫苯甲酰胺悬浮剂等。

11. 如何识别三化螟?

(1)成虫 雌成虫体长10~13毫米,前翅长三角形,淡黄白色,中央有一小黑点,腹部末端有一丛黄褐色绒毛。雄成虫体长8～9毫米,前翅淡灰褐色,中央小黑点较小,翅顶角斜向中央有一暗褐色斜纹,外缘有 7～9 个小黑点。

(2)卵 长椭圆形,几十粒至一百多粒相叠成多层卵块,中央 3 层,边缘 1～2 层,表面覆盖有黄褐色绒毛,形状似半粒发霉的大豆,多产于稻叶上。

(3)幼虫 多为 4 龄,食料不适时为 5 龄,三龄或三龄以上幼虫体黄绿色,体背中央有一条半透明的纵线,前胸背板后缘中线两侧各有一扇形斑或新月形斑;体表看起来较干糙,不像二化螟和大螟那样湿滑。

(4)蛹 长圆筒形,白色至淡黄绿色或黄褐色,被白色薄茧。羽化前变金黄色(雌),或银灰色(雄)。

12. 如何识别三化螟的为害症状?

三化螟的为害症状基本与二化螟和大螟相同。幼虫钻蛀为害也可造成枯心苗、枯孕穗、白穗、虫伤株及相应的枯心团和白穗群,但不会造成枯鞘。

三化螟幼虫有 2 个为害特点与其他螟虫不同:一是幼虫只取食茎秆内壁、叶鞘白嫩组织,穗苞内花粉及柱头,基本不取食含叶绿素部分;二是幼虫喜单头为害,一般每头幼虫独占一株水稻分蘖,蛀入后先在叶鞘和茎节间适当部位做"环状切断",把大部分维管束咬断,切口整齐,称为"断环"。

苗期、分蘖期水稻心叶受害,失水纵卷,稍褪绿或呈青白色,外形似葱管,称作假枯心。把卷缩的心叶抽出,可见断面整齐,后假枯心变黄死去成为枯心苗,但其他叶片仍为青绿色。

幼虫在孕穗末期和抽穗初期蛀入,咬断穗颈,造成白穗。这种白穗容易拔起,但剑叶叶鞘不枯黄,剥开叶鞘,穗茎上有环状整齐的断痕,剥开穗茎,茎内虫屑、虫粪较少,青白干爽。

受害稻株蛀孔小,孔外无虫粪,茎内有白色细粒虫粪,易与大螟和二化螟为害造成的枯心苗区别。

13. 三化螟有哪些主要生活习性?

成虫白天潜伏于稻株基部,夜间活动,趋光性强。成虫多在傍晚羽化,羽化雌虫在当天即可交尾产卵。卵块多产于叶片或叶鞘表面,成虫对产卵场所的选择习性与二化螟相似。

幼虫孵化后,多数爬至叶尖,吐丝下垂随风飘散至附近稻株上分散蛀入为害。从同一卵块孵出的幼虫都在附近稻株为害,形成田间"枯心团"或"白穗群"。幼虫有转株为害习性,一生可转株1~3次,以三至四龄幼虫转株较常见。转株方式因虫龄而异,二至三龄幼虫多以"裸体",在株外活动;而三、四龄则多背负叶囊或茎囊,幼虫藏于其中,或伸出头爬行或浮游于水面,找到新株后,将叶囊固定于叶鞘上,进而蛀入稻茎。被害的稻株,多为1株1头幼虫。幼虫老熟后,下移至稻茎基部化蛹。

三化螟为单食性害虫,只为害水稻和野生稻。

14. 三化螟的发生有何规律?

三化螟分布在烟台以南,由北到南1年发生2~7代。

海拔 1 800 米以上地区,1 年发生 2～3 代;长江流域以北
至山东烟台一带,1 年发生 3 代;长江流域中、下游稻区,1
年发生 3～4 代;长江流域以南稻区,1 年发生 4～7 代。

三化螟以老熟幼虫在稻桩内越冬。越冬幼虫在次年
春季气温回升到 16℃ 以上时,陆续化蛹、羽化。进入 21
世纪以来,三化螟在长江流域稻区发生为害显著减轻,仅
在广东、广西、云南、海南等地发生较重。

15. 如何防治三化螟?

(1)农业防治

①压低虫源基数 水稻低茬收割,机割田稻茬在入
冬前焚烧或灭茬,碎秆还田。冬季休闲田灌水泡田,或早
春灌水犁耙。这些措施能降低越冬幼虫基数,或减少冬
后虫口数量。

②栽培治螟 合理调整耕作制度和水稻品种布局,
避免混栽,减少桥梁田;调整移栽期,使水稻易受害期避
开蚁螟盛孵期,可减轻为害。

(2)化学防治 水稻分蘖期防治"枯心"掌握在蚁螟
盛孵期施药。防治"白穗"掌握在卵盛孵期和破口吐穗
期,采用早破口早用药,晚破口迟用药的原则。常用药剂
有:18％杀虫双水剂、50％二嗪磷乳油、50％杀螟硫磷乳
油、40％乐果乳油、200 克/升丁硫克百威乳油、480 克/升
毒死蜱乳油、40％乙酰甲胺磷乳油、25％唑磷·毒死蜱乳
油、20％吡虫·三唑磷乳油、30％敌百·辛硫磷乳油、
20％阿维·三唑磷乳油、35％吡虫·杀虫单可湿性粉剂、
98％杀螟丹(巴丹)可溶性粉剂、90％杀虫单可湿性粉剂、

200克/升氯虫苯甲酰胺悬浮剂、5％氯虫苯甲酰胺悬浮剂等。

16. 如何识别台湾稻螟？

（1）成虫　雄蛾体长6.5～8.5毫米，翅展18～23毫米，触角略呈锯齿状。前翅黄褐色，中央具隆起的有金属光泽的4个深褐色斑块，排列成"7"字形，翅面布有银色及金黄色鳞片，外横线部位有暗褐色鳞片组成的宽带，其外侧接1条银色线纹，外缘具小黑点7个。缘毛金黄色，有光泽，为该种的重要特征之一。雌蛾体长为9.2～11.8毫米，翅展23～28毫米，触角丝状。前翅颜色与雄蛾相近，斑纹较雄蛾色浅但粗大，后翅雌雄相似。

（2）卵　扁椭圆形，长0.67～0.85毫米，宽0.45～0.65毫米。初产时白色有光泽，渐变为灰黄色，孵化前出现黑点。卵块呈1～5行排列成鱼鳞状，上面覆盖胶质物，与二化螟相似。

（3）幼虫　共5～7龄。末龄幼虫体长16～25毫米，头部暗红色至黑褐色，体浅黄白色，体背具褐色纵线5条，最外侧纵线（侧线）从气门上方通过。头色与侧线是区别其与二化螟幼虫的两项重要特征。另外，幼虫腹足趾钩双序全环，外方趾钩稍短，但与内方同密，别于二化螟。

（4）蛹　长为9～15毫米，纺锤形，褐色，与二化螟相近，但额中央凹下，两侧呈角状突出，第5～7腹节背面近前缘处各具1横列齿状小突起。背面有5条褐色纵线。

17. 台湾稻螟的为害症状有哪些？

台湾稻螟的为害症状基本与二化螟相同。幼虫钻蛀为害也可造成枯鞘、枯心苗、枯孕穗、白穗、虫伤株及相应的枯心团和白穗群，一根稻茎内可有多头或数十头幼虫。但幼虫较二化螟活泼，稻株被害处组织损伤很严重，穿孔很多，蛀孔略呈方形，周围黄白色，从蛀孔处排出大量黄白色虫粪和被害组织的混合物，有强烈的臭味。

18. 台湾稻螟有哪些主要生活习性？

成虫白天潜伏于稻丛基部，夜间活动，喜阴凉潮湿环境，怕高温干燥，有趋光性。成虫多在夜间羽化，当晚或次晚交尾，产卵前期为 1 天；喜欢在粗秆、宽叶、浓绿的稻株叶片上产卵。在秧苗期及分蘖期，卵多产于叶片正面，在孕穗期多产于叶片背面，在灌浆期至黄熟期，卵多产于无效分蘖的叶片上。每雌产卵 4～6 块，每卵块有卵 30 多粒，个别高达 200 粒。

幼虫习性与二化螟相似。初孵幼虫沿稻叶向下爬行或吐丝下垂，从心叶、叶鞘缝隙或叶鞘外蛀入，先群集在叶鞘内取食内壁组织，后蛀入心叶和茎秆内取食，造成枯鞘、枯心、白穗和虫伤株等。幼虫喜湿润环境，稻株被害处极潮湿甚至腐烂，但幼虫却喜藏身其中。幼虫具有群聚性，初孵幼虫在一稻株上常有数头至数十头，以后逐渐分散钻蛀。幼虫有转株为害的习性，1 头幼虫一生可转移为害 3～4 株水稻。幼虫老熟后可在茎秆内、卷叶中、叶鞘内或稻丛分蘖间化蛹。钻入稻茎内化蛹的幼虫，把稻茎的内壁咬一环状羽化孔,仅留一层薄膜,成虫羽化后破膜而出。

19. 台湾稻螟的发生有何规律?

台湾稻螟主要分布南方稻区,1 年发生 3～6 代,有世代重叠现象。在台湾、福建、海南、广东、广西、云南、四川较常见。江苏、浙江也有发生。

台湾稻螟以老熟幼虫在稻桩或稻草中越冬,但在稻草中越冬存活率低,主要原因是幼虫喜湿怕干。少量个体也可在冬作小麦植株中越冬。广东越冬代发蛾期与二化螟相近,3 月中旬进入盛发期,以后各代早于二化螟。广西各代成虫发生期为:越冬代 3 月下旬至 5 月中旬;第一代 5 月下旬至 6 月上旬;第二代 7 月上旬至下旬;第三代 8 月上旬至 9 月上旬;第四代 9 月中旬至 10 月上旬;第五代 10 月下旬至 11 月上中旬。

20. 如何防治台湾稻螟?

(1)农业防治

①消灭越冬虫源　在台湾稻螟发蛾期前集中销毁有虫稻草、稻桩;早春掌握在越冬幼虫化蛹高峰时灌水浸田 3～4 天灭蛹。

②及时收割　台湾稻螟为害严重的地区,早稻收割时在茎秆内会有大量幼虫和蛹,应将收割的稻株立即挑出稻田,并及时脱粒,将脱粒后的稻草放在烈日下曝晒,既可避免幼虫爬到邻近稻田为害,又可杀死幼虫和蛹,减少晚稻的虫源。

（2）物理防治　台湾稻螟成虫有趋光的习性,采用黑光灯在台湾稻螟成虫盛发期诱杀;或在秧田采用人工捕蛾、采卵的方法,可减轻为害。

（3）化学防治　根据当地虫情测报情况,掌握好施药时期。一般在蚁螟盛孵期施药。防治药剂及方法参见二化螟及其他水稻螟虫。

21. 如何识别稻纵卷叶螟?

（1）成虫　体长 7～9 毫米。翅黄褐色,前后翅外缘均有黑褐色宽边;前翅中部有 3 条黑色横纹,中间 1 条较粗短。雄蛾前翅前缘中部有黑褐色鳞片聚成的鳞片堆,雌蛾无黑褐色鳞片堆。

（2）卵　扁椭圆形,初产时乳白色,渐变为淡黄色至黄色;多散产于叶片正面,极少数数粒聚成一排。

（3）幼虫　通常 5 龄,少数 6 龄。虫体黄绿色,头部黄褐色至褐色。三龄开始,中、后胸背板均有 1 对黑褐色斑点。

（4）蛹　长 7～10 毫米,初蛹淡黄色,后转为红色至褐色。

22. 稻纵卷叶螟的为害症状有哪些?

稻纵卷叶螟以幼虫吐丝纵卷叶片结成虫苞,幼虫躲在苞内取食上表皮及叶肉组织,留下下表皮,形成白色条斑,受害严重的稻田一片枯白,导致严重减产。

初孵幼虫一般先爬入水稻心叶或附近叶鞘、旧虫苞内取食为害,形成针头大小的白色透明小点;二龄幼虫开始在叶尖或叶缘吐丝纵卷成小虫苞,此时称为"卷尖期";三龄幼虫开始吐丝缀合叶片中部两侧叶缘,形成明显的束腰状虫苞,距叶尖 4～6 厘米,此时称为"束叶期";幼虫 3 龄后食量增加,虫苞膨大;四至五龄幼虫频繁转苞为害,食量猛增,其食叶量占幼虫总食叶量的 94％。1 头幼虫一生可取食为害 5～7 片叶,最多达 9～10 片。被害虫苞呈枯白色,严重时"虫苞累累,白叶满田"。以孕穗、抽穗期受害造成的损失最大。

23. 稻纵卷叶螟有哪些主要生活习性?

成虫昼伏夜出,飞翔能力强,喜食植物的花蜜和蚜虫的蜜露。白天潜伏于荫蔽、高湿的稻丛基部或杂草间,一遇惊动,即作快速短距离飞翔。有趋光性,对金属卤素灯趋性很强。雌蛾有趋嫩绿产卵的习性,喜在生长嫩绿、叶片宽软下披的稻株上产卵,卵多散产于稻株中、上部叶片正面。因此生长嫩绿、叶面积指数高的稻田,圆秆拔节期和幼穗分化期的稻田落卵量大,抽穗后稻叶上落卵量较少。气温 22℃～28℃、相对湿度 80％以上,卵孵化率可达 80％～90％。

幼虫老熟后经 1～2 天预蛹期吐丝结薄茧化蛹。化蛹部位分蘖期多在稻丛基部枯黄叶片及无效分蘖上,抽穗期则多在叶鞘内或稻株间。

24. 稻纵卷叶螟的发生有何规律?

稻纵卷叶螟为远距离迁飞性害虫,适温、多雨的气候条件有利于稻纵卷叶螟的发生。1 年发生 2～11 代,自北向南逐渐递增。黄河以北的河北、辽宁地区,1年发生2～3代;河南北部,1年发生3代;河南南部、陕西中南部,1年发生4代;长江中、下游的湖北、安徽、江苏、浙江、湖南及福建北部,1年发生4～6代;广东、广西、福建南部、台湾等地,1年发生7～8代;海南岛1年发生9～11代。

　　稻纵卷叶螟在我国广大稻区不能越冬,初次虫源均来自迁飞。每年春、夏季自南向北有5次北迁,秋季自北向南有2～3次回迁。第一次北迁在3月中下旬至4月上中旬,虫源由大陆以外的南方迁入我国岭南地区,构成当地第一代虫源。第二次北迁在4月中下旬至5月中下旬,仍由大陆以外的中南半岛及我国海南半岛等地向岭南和岭北地区迁入,构成当地第二代(岭南)或第一代(岭北)虫源。第三次北迁在5月下旬至6月中旬,由岭南地区向岭北地区及长江中游的江南地区迁入,并波及江淮地区,构成该地区第二代或第1代虫源。第四次北迁在6月下旬至7月中下旬,由岭北地区向江淮地区迁入,波及华北、东北地区,分别形成当地第二代和第一代虫源。第五次北迁在7月下旬至8月中旬,由江南和岭北地区向江淮地区和北方迁入,构成北方第二代虫源。每年8月底至11月份有3次回迁过程,第一次在8月下旬至9月上中旬,由北方和江淮地区向江南、岭北、岭南迁入。第二、第三次分别在9月下旬至10月上旬和10月中下旬。

25. 如何防治稻纵卷叶螟?

　　(1)农业防治　选用抗(耐)虫水稻品种。合理施肥,使水稻生长健壮,防止水稻前期猛发、封行过早,后期贪青晚熟。科学管水,适当调整搁田时间,幼虫孵化期降低田间湿度,或在化蛹高峰期灌深水 2～3 天灭蛹。

(2)生物防治　使用杀螟杆菌、青虫菌、苏云金杆菌等生物农药。

(3)化学防治　可在稻纵卷叶螟卵孵化高峰期至一龄幼虫盛期至三龄盛期施药;分蘖期幼虫量达到 50 头/百丛或孕穗期幼虫量达到 30 头/百丛时,应及时防治。常用药剂有:25%杀虫双水剂、40%毒死蜱乳油、50%辛硫磷乳油、50%杀螟硫磷乳油、1.8%阿维菌素乳油、20%虫酰·辛硫磷乳油、20%抑食肼可湿性粉剂、90%杀虫单可湿性粉剂、8 000IU/毫克苏云金杆菌可湿性粉剂、35%吡虫·杀虫单可湿性粉剂、25%杀单·毒死蜱可湿性粉剂、3%阿维·氟铃脲可湿性粉剂、80%氟虫腈水分散粒剂、5%氯虫苯甲酰胺悬浮剂等。

26. 如何识别直纹稻弄蝶?

(1)成虫　体长 17～19 毫米,翅展 35～42 毫米。体、翅均为黑褐色,有金黄色光泽。前翅有 7～8 个近四边形的半透明白斑,呈半环状排列,下面一个最大;后翅中央有 4 个白色透明斑,呈直线或近直线(一字形)排列,反面黄褐色。

(2)卵　半球形,直径 0.8～0.9 毫米,高 0.5～0.6 毫米。顶端平,中部稍下凹,表面有六角形刻纹。初产时淡绿色,渐变为褐色,孵化前呈紫黑色。

(3)幼虫　共 5 龄。老熟幼虫两端细小,中间肥大,呈纺锤形。头部正面中央有"山"字形褐纹。前胸收窄如

颈状,前胸背面有"一"字形横纹。胸、腹部绿色,体表密
布小颗粒,各节后半部有4～5条横皱纹。

(4)蛹 圆筒形,长22～25毫米,淡黄色至黄褐色。
头平尾尖,5～6腹节腹面各有一倒"八"字形褐纹。体表
有白粉,外有白色薄茧。

27. 直纹稻弄蝶的为害症状有哪些?

直纹稻弄蝶又称直纹稻苞虫,以幼虫吐丝结叶成苞,
在苞内取食稻叶,故俗称"稻苞虫"。

直纹稻弄蝶一至二龄幼虫在叶片边缘或叶尖结2～4
厘米长的小苞;三龄幼虫结苞长10厘米,也常单叶横折
成苞;四龄幼虫开始缀合多片叶成苞,虫龄越大缀合的叶
片越多,虫苞越大。被食叶片残缺不全,严重时仅剩中
脉。

幼虫取食叶片成缺刻或将全叶吃光,使稻株矮小,成
熟期延迟,稻穗缩短,每穗粒数减少,千粒重降低;为害严
重时还可食害、咬断稻穗枝梗,对水稻产量影响很大。

28. 直纹稻弄蝶有哪些主要生活习性?

成虫白天活动,夜晚和阴雨、大风、盛夏中午阳光强
烈或气温过高时则潜伏于树叶背面、花丛、稻丛和草丛等
隐蔽场所。成虫飞行力极强,飞行高、远、快;喜食花蜜。
成虫多在上午6～9时羽化,1～4天开始交配产卵。卵多
散产于稻叶背面,正面也有。一般每叶产卵1～2粒,多
的6～7粒。每雌平均产卵量约100～200粒。成虫喜在
生长旺盛、叶色浓绿的稻叶上产卵,分蘖期稻株着卵最

多,圆秆拔节期着卵较少。

初孵幼虫先咬食卵壳,然后爬至叶片边缘近叶尖处咬一缺刻,吐丝缀合叶缘卷成小苞,在苞内取食。虫龄越大,结叶越多。在田间,从其缀合苞的状态,可粗略分辨龄期。幼虫白天躲在苞内取食,清晨前、傍晚或在阴雨天则爬出苞外取食稻叶。幼虫咬食叶片,不留表皮。三龄前食量不大,四龄后激增,五龄幼虫进入暴食期,食量占幼虫总食量的86%。1头幼虫一生可为害10多片叶。各龄幼虫在蜕皮前或气候变化时有咬断叶苞坠落,随苞漂流的习性,靠岸后弃苞爬行,或寻找避风所,或再择主结苞。幼虫探出虫苞,若受惊则迅即退回或假死坠落。幼虫老熟后,有的在叶上化蛹,有的下移至稻丛基部化蛹,大多是重新缀叶结苞化蛹。蛹苞两端紧密而细小,略呈纺锤形。老熟幼虫可分泌出白色棉状腊质物,遍布虫苞内壁和身体表面。化蛹时,一般先吐丝结薄茧,将腹两侧的白色蜡质物堵塞于茧的两端,再蜕皮化蛹。

29. 直纹稻弄蝶的发生有何规律?

直纹稻弄蝶分布遍及华北、长江流域及华南各水稻产区,以南方稻区发生较普遍,局部地区发生严重。直纹稻弄蝶从北到南1年发生2~8代。北方稻区,1年发生2~3代;黄河以南长江以北稻区,1年发生4~5代;长江以南南岭以北地区,1年发生5~6代;南岭以南地区,1年发生6~8代,四川1年发生4~6代。该虫除为害水稻外,也可为害甘蔗、玉米、麦类、茭白等作物,并能在游草、芦苇、稗草等多种杂草上取食存活。

在南方稻区,直纹稻弄蝶以老熟幼虫于背风向阳的稻田边、低湿草地、水沟边、河边等处的杂草中结苞越冬,以在游草上越冬的最多;其次为再生稻、白茅、芦苇和其他杂草。在黄河以北地区,则以蛹在向阳处杂草丛中越冬。

越冬代成虫主要在野生寄主上产卵繁殖 1 代,少数在早稻上产卵,以后的成虫飞至稻田产卵。在年发生 6～8 代的华南稻区,一般第一代生活于杂草中,第二、第三代发生于稻田,但数量少,危害轻;8～9 月份,第四、第五代常大量发生,为害晚稻。江浙一带一般以 7 月份的第三代发生量最大;河南以 7 月上旬第二代集中为害早稻,8 月下旬第三代发生于晚稻;四川山区以 6～8 月份发生的第二、第三代为重害代。末代幼虫除为害双季晚稻外,多数生活于野生寄主上,天冷后即以幼虫越冬。

直纹稻弄蝶有年间间歇性发生和同一地区局部猖獗为害的现象。其发生与气候条件(特别是降雨量和降雨日数)、品种及栽培管理等均有密切关系。

30. 如何防治直纹稻弄蝶?

(1)农业防治

①消灭越冬虫源 结合冬季积肥,铲除田边、沟边、塘边杂草,特别是游草,减少越冬虫源和早春繁殖的中间寄主。

②合理布局 一般中稻区,搞好栽培制度的改革,选用高产、抗虫、早熟品种,合理安排晚、中、早熟品种的移栽期,使分蘖、圆杆期避过第三代幼虫发生期。

③加强田间管理　合理施肥,对冷浸田、烂泥田要增施热性肥料,干湿间歇浅水灌溉,促进水稻早熟。

(2)化学防治　每 100 丛有卵 10～15 粒或每 100 丛有低龄幼虫 10～15 头的稻田为防治对象田。一至二龄幼虫占调查总虫数的 90％或每 100 丛有初结苞 5～8 个时,即为防治适期。

注意应在幼虫三龄以前用药。山区喷粉防治宜在早晨或傍晚施药。常用药剂有:80％敌敌畏乳油、50％辛硫磷乳油、2.5％敌杀死乳油、2.5％溴氰菊酯乳油、20％速灭杀丁乳油、50％杀螟硫磷乳油、10％吡虫啉可湿性粉剂、90％晶体敌百虫、3％杀虫双颗粒剂、25％杀虫双水剂等。

31. 如何识别稻螟蛉?

(1)成虫　雄蛾体长 6～8 毫米,翅展 16～18 毫米,前翅深黄色,有 2 条略呈平行的暗紫色宽斜纹,后翅暗褐色,缘毛淡黄色。雌蛾体长 8～10 毫米,翅展 21～24 毫米,前翅黄色,有 2 条断续的淡紫褐色斜纹,后翅淡黄色。

(2)卵　扁球形,直径 0.45～0.5 毫米,表面有放射状的纵棱线与横脊线,相交形成许多方格,初产时淡黄色,孵化前呈紫色。卵粒成 1 至 2 行排列成卵块。

(3)幼虫　共 6 龄。老熟幼虫体长约 20 毫米,体绿色,头部黄绿色或淡褐色。体背中央有 3 条白色细纵纹,两侧各有 1 条明显的淡黄色纵纹。胸足 3 对,腹足 4 对,第一、第二对腹足退化,第三、第四对腹足未退化,并有尾足 1 对,由于第一、第二对腹足退化,故爬行时背部拱起,形似尺蠖幼虫。

（4）蛹　长 8～10 毫米，略呈圆锥形。初为绿色，渐变为褐色，羽化前具金黄色光泽，可透见前翅上的紫褐色纹。腹部末端有钩状臀刺 4 对，中间 1 对最长。

32. 稻螟蛉的为害症状有哪些？

稻螟蛉又称双带夜蛾、粽子虫、稻青虫、三角虫、青尺蠖、量步虫等，以幼虫取食水稻叶片。水稻从苗期到成熟期均可受害。一至二龄幼虫取食叶片正面叶肉，仅留下叶脉及一层表皮，被害叶片常出现许多白色长条纹，渐变为枯黄色；三龄后，幼虫从叶片边缘取食，形成不规则的缺刻。叶片上有时可见绿色多足型幼虫，爬行时呈拱桥状。

水稻秧田受害严重时，叶片被食残留基部，状似"平头"；本田受害严重时，叶片被食仅剩中肋，状似"扫帚把"。

33. 稻螟蛉有哪些主要生活习性？

成虫白天潜伏于稻丛基部或杂草丛中，夜间活动，趋光性强，且灯下诱集的多数成虫属未产卵的雌蛾。雌蛾喜在叶色青绿的稻株上产卵。卵多产于水稻叶片中部，少数产于叶鞘。一般每卵块有卵 7～8 粒，排成 1 行或 2 行。平均每雌产卵约 256 粒，多者可达 500 粒左右。

幼虫孵化后先在叶片上活动，具假死性，遇惊动即跳跃落水，停顿少许后即可游水爬到其他稻株上取食为害。幼虫老熟后在叶尖吐丝把稻叶折成粽子状小三角苞，藏身苞内,咬断叶片,使虫苞浮落水面,然后在苞内结茧化蛹。

34. 稻螟蛉的发生有何规律?

稻螟蛉在我国各水稻产区均有发生,主要为害水稻,也为害玉米、高粱、谷子等禾本科作物及稗草、野黍、看麦娘等禾本科杂草。

稻螟蛉1年发生2～7代,自北向南逐渐递增。东北地区1年发生2～3代;江苏1年发生3～4代;浙江1年发生4～5代;广东1年发生6～7代。以蛹在田间稻桩丛中或稻桩内、杂草丛及散落在田间的叶苞中越冬。吉林省各代成虫发生盛期分别为:越冬代6月上旬;第一代7月中旬;第二代8月中旬。在苏北沿海一带,越冬代成虫5月下旬至6月中旬羽化,其他各代成虫发生盛期分别为第一代7月上中旬、第二代7月底至8月中旬、第三代8月下旬至9月上旬。

35. 如何防治稻螟蛉?

(1)农业防治

①消灭越冬虫源　冬春清除田边、沟边杂草,捞出浮在水面的虫苞,压低越冬虫源基数。

②合理施肥　适当控制氮肥施用量,增施有机肥和磷、钾肥,培育健壮植株,提高植株抗逆力。

(2)物理防治　利用稻螟蛉成虫趋光的习性,在成虫盛发期结合防治螟虫采用频振式杀虫灯诱杀成虫;或在化蛹盛期人工摘除或收集田间三角蛹苞。

（3）生物防治　稻螟蛉的自然天敌很多。应充分保护并利用以稻螟赤眼蜂和螟蛉绒茧蜂为优势种群的天敌类群，发挥其自然控制作用。如水稻生长季节在田埂上播种蜜源植物，可以提高寄生蜂的生活力和繁殖力；有条件的地区，可人工释放稻螟赤眼蜂和螟蛉绒茧蜂等天敌。

（4）化学防治　一般发生田块可在防治螟虫、稻纵卷叶螟等害虫时兼治该虫，但在发生较重的田块需单独用药防治。凡百穴卵量在 300 粒以上或一至二龄幼虫在 150 头以上的田块，应于二至三龄幼虫高峰期及时用药防治。常用药剂有：50％杀螟硫磷乳油、80％敌敌畏乳油、20％乙酰甲胺磷乳油、25％喹硫磷乳油、480 克/升毒死蜱乳油、40％乐果乳油、2.5％敌杀死乳油、50％辛硫磷乳油、80％杀虫单可湿性粉剂、90％杀虫单可湿性粉剂、25％杀虫双水剂、90％敌百虫晶体。

36. 如何识别褐飞虱？

（1）成虫　有长翅型、短翅型两种。长翅型雌虫体长（连翅）4～4.8 毫米，长翅型雄虫体长（连翅）3.6～4 毫米，前翅端部超过腹末；短翅型雌虫体长 3.5～4 毫米，雄虫体长 2～2.5 毫米，前翅端部不超过腹末。前胸背板和小盾片上有 3 条凸起的纵脊，纵脊不间断。雌虫体大，腹部较长而胖，末端呈圆锥形；雄虫体小，腹部较短而瘦，末端近似喇叭筒状。成虫体色分为深色型和浅色型。深色型头部、前胸背板、中胸背板均为褐色或黑褐色；浅色型通体黄褐色，仅胸部腹面和腹部背面颜色较暗。

（2）卵　呈香蕉状，产于叶鞘或叶片中肋组织中，常

10～20 粒排列成整齐的一行。初产时乳白色,半透明,渐变为淡黄色,较细的一端出现 1 对红色眼点。

（3）若虫　共 5 龄,初孵时淡黄白色,渐变为褐色,近椭圆形。3 龄若虫中后胸开始有明显的翅芽,呈"八"字形,三至五龄若虫腹部第三、第四节背面各有 1 个明显的"山"字形淡色斑。若虫落水后,两后足伸展呈"一"字形,易与白背飞虱和灰飞虱若虫区别。

37. 褐飞虱的为害症状有哪些?

褐飞虱以成虫和若虫为害水稻。一般群集于稻丛基部,密度很高或迁出时才出现于稻叶上。用口器刺吸水稻汁液,消耗稻株养分和水分,并产卵于叶鞘组织中,致茎秆和叶鞘上出现褐色斑点、伤痕;分泌蜜露引起叶片孳生烟霉;严重时稻茎基部变黑腐烂,逐渐全株枯萎,甚至整丛倒伏枯死。田间受害稻丛常由点、片开始,远望比正常稻株黄矮,出现"黄塘",渐变为"冒穿"、"透顶"或"塌圈",甚至全田荒枯,造成严重减产或颗粒无收。此外,褐飞虱还可传播水稻丛矮缩病和锯齿叶矮缩病。

38. 褐飞虱有哪些主要生活习性?

成虫有长翅型、短翅型 2 种。当食料丰富、环境适宜时,产生短翅型成虫。该型为居留型,繁殖能力和对环境适应性强,增殖快。当食料与环境不适宜时,则产生较多的长翅型成虫,翅发达,腹较小,具有扩散和远距离迁飞的能力。

成虫多在晚上或清晨羽化,羽化后 2～3 天开始交配。每头雌虫平均产卵 200～700 粒,最多可达 1 000 余粒。卵多产于稻株下部叶鞘及嫩茎组织内。短翅型寿命较长,产卵历期长,卵量大,繁殖力比长翅型大。

长翅型成虫趋光性强。有趋嫩绿习性,处于分蘖盛期至乳熟期,生长嫩绿、茂密的稻田虫量大。成虫、若虫均喜阴湿环境,在田间栖息部位一般以离水面 10 厘米范围内较多。

39. 褐飞虱的发生有何规律?

褐飞虱为远距离迁飞性害虫。各地发生的代数,随地理纬度和年总积温、迁入时期、水稻生育时期而不同。海南省 1 年发生 12～13 代,世代重叠,常年繁殖,无越冬现象。广东、广西中南部、福建南部 1 年发生 8～9 代,3～5 月份迁入;贵州南部 1 年发生 6～7 代,4～6 月份迁入;赣江中下游、贵州、福建中北部、浙江南部 1 年发生 5～6 代,5～6 月份迁入;江西北部、湖北、湖南、浙江、四川东南部、江苏、安徽南部 1 年发生 4～5 代,6～7 月上中旬迁入;江苏北部、安徽北部、山东南部 1 年发生 2～3 代,7～8 月份迁入;北纬 35°以北的其他稻区 1 年发生 1～2 代,也于 7～8 月份迁入。

褐飞虱在我国广大稻区不能越冬,虫源随每年春、夏暖湿气流由亚洲大陆南部和热带终年发生地由南向北迁入和推进,每年约有 5 次大的迁飞行动,秋季则由北向南回迁。一般每年 3 月下旬至 5 月,随西南气流由中南半岛迁入两广南部发生区(北纬 19°到北回归线),在该区繁殖 2～3 代,于 6 月份早稻黄熟时产生大量长翅型成虫随季风北迁,主降于南岭发生区(北回归线至北纬26°～28°),7月中下旬南岭区早稻黄熟收割,再北迁至长江流域及以北地区。9月中下旬至10月上旬,长江流域及以北地区水稻黄熟产生大量长翅型褐飞虱,随东北气流向西南回迁。外来虫源迁入的迟早和数量对当地褐飞虱的发生迟早、世代数和发生程度有较大影响。

褐飞虱生长发育适温为 20℃～30℃,最适温度为26℃～28℃,相对湿度在 80% 以上,盛夏不热、晚秋不凉、夏秋多雨是大发生的气候条件。褐飞虱主要发生于夏秋季的中稻和晚稻上。虫害发生时多从稻田中间点片发生,向田边蔓延。稻田深灌、漫灌,长期积水或地势低洼,排水不良;插植过密,氮肥过多,封行过早,稻叶茂密嫩绿,行间不通风,湿度大都有利于褐飞虱的生活和繁殖。

40. 如何对褐飞虱开展农业防治?

(1)培育与推广抗虫品种 我国以 IR26 为恢复系培育成的杂交稻汕优 6 号、威优 6 号等抗虫品种,具有抗虫和高产性状。

(2)合理布局 生育期相同的水稻连片种植,可防止褐飞虱扩散转移,且便于集中统一进行防治。

(3)加强田间管理 如适时烤田、搁田,浅水勤灌;施肥要做到促控结合,防止水稻前期猛发、封行过早,后期贪青晚熟和倒伏等,创造不利于褐飞虱孳生繁殖的生态条件。

41. 如何对褐飞虱开展化学防治?

(1)化学防治策略 根据水稻品种类型和褐飞虱发

生情况,采用"压前控后"或"狠治主害代"的策略,选用高效、低毒、残效期长的农药,掌握在百丛虫量 1 000 头,若虫二至三龄盛发期施药。

(2)常用药剂 80%扫飞(烯啶吡蚜)水分散粒剂、25%吡蚜酮悬浮剂、10%烯啶虫胺、10%吡虫啉可湿性粉剂、25%噻嗪酮(扑虱灵、稻虱净)可湿性粉剂、10%叶蝉散可湿性粉剂、25%速灭威可湿性粉剂、35%吡虫·杀虫单可湿性粉剂、10%吡虫·噻嗪酮可湿性粉剂、25%吡虫·异丙威可湿性粉剂、30%吡虫·毒死蜱乳油、45%马拉硫磷乳油、20%速灭威乳油、20%异丙威乳油、40%氯虫·噻虫嗪水分散粒剂、80%氟虫腈水分散粒剂等。

防治前稻田要灌足水,药液要喷在稻茎基部。在水稻烤田时,也可采用喷粉法,或每 667 平方米用 80%敌敌畏乳油 150 克加少量水稀释,然后拌细土 20 千克制成毒土,均匀撒入田间。

42. 如何识别白背飞虱?

(1)成虫 有长翅型、短翅型两种。长翅雌虫体长(连翅)4～4.6 毫米,前翅端部超过腹末;短翅雌虫体长2.7～3.5 毫米,前翅端部不超过腹末或稍超过腹末;雄虫一般为长翅型,体长 3.8～4.6 毫米,短翅型罕见,体长2.7～3 毫米。

长翅雄虫,体淡黄具黑褐斑。头顶显著向前突出,常大于两复眼间的距离。前胸背板、中胸背板中央黄白色,整体上看头胸部背面有一黄白色的长五角形斑,形似倒置的钢笔尖。前胸背板侧区、复眼后方有一暗褐色新月形斑,中胸背板侧区黑褐色。长翅雌虫体色多黄白,有淡褐色斑,头顶和各部位颜色同雄虫,但中胸背板侧区为浅黑褐色,中央姜黄色。短翅雄虫特征同长翅雄虫。短翅雌虫虫体各部位颜色基本与长翅雌虫相同,但中胸背板侧区为淡灰色,中央黄白色。

(2)卵　长椭圆形,稍弯曲,数粒至数十粒成单行排列成卵条,较松散,位于叶鞘和中脉组织内。卵初产时乳白色,渐变为淡黄色,并出现2个红色眼点。

(3)若虫　共5龄,体灰褐色至灰黑色。从二龄起胸部背面有灰蓝色或灰褐色斑纹,三龄若虫翅芽明显出现,第三、第四腹节背面各嵌有1对乳白色近三角形斑纹。若虫落水后,两后足伸展呈“八”字形。

43. 白背飞虱的为害症状有哪些?

白背飞虱与褐飞虱为害症状相似,成虫和若虫均可为害水稻,但在稻株上的分布位置较褐飞虱稍高。用口器刺吸水稻汁液,致茎秆和叶鞘上出现褐色斑点、伤痕;虫口密度大时,受害稻株大量丧失水分和养料,上层稻叶黄化,下层稻叶则黏附白背飞虱分泌的蜜露而孳生烟霉,严重时稻叶变黑枯死,逐渐全株枯萎。被害稻田出现“黄塘”、“冒穿”、“透顶”或“塌圈”,甚至全田荒枯,造成严重减产或颗粒无收。此外,白背飞虱是南方水稻黑条矮缩病的主要传播媒介。

44. 白背飞虱有哪些主要生活习性?

成虫具有强趋光性和趋嫩性,生长嫩绿的稻田易招致成虫产卵为害。卵多产于水稻叶鞘和中脉组织内,平均每雌产卵 180～300 粒。成虫和若虫均活跃,取食于植株中、下部,栖息部位较褐飞虱稍高。三龄以前食量小,为害轻,四至五龄若虫食量大,为害重。

45. 白背飞虱的发生有何规律?

白背飞虱为远距离迁飞性害虫。耐寒力较褐飞虱强,大部分地区均不能越冬。海南岛南部和云南最南部地区为终年繁殖区,其他各稻区的初次虫源均由中南半岛和我国热带稻区迁飞而来。春季随西南或偏南气流从中南半岛迁入我国,夏季同样随西南或偏南气流向北延伸,间歇出现的东西气流使该虫在我国东西部地区间迁移;秋季东北或东南气流又使该虫自北往南、自东往西回迁。

1 年发生 1～12 代,自北向南逐渐递增。新疆、宁夏地区,1 年发生 1～2 代;东北地区 1 年发生 2～3 代;淮河以南地区 1 年发生 3～4 代;长江流域 1 年发生 4～7 代;岭南地区 1 年发生 7～10 代;海南省南部,1 年发生 11～12 代。

白背飞虱生长发育的适宜温度是 15℃～30℃,相对湿度是 80％～90％。在白背飞虱主害代,前期多雨、后期干旱有利于大发生。白背飞虱主要发生于早稻和中稻。水肥管理直接影响田间小气候,若肥水管理不当,稻苗贪青,不但吸引成虫产卵,还因植株茂密、田间郁闭度高、湿度大而有利于白背飞虱的发生。

46. 如何对白背飞虱开展农业防治？

选用抗（耐）虫水稻品种，如 Ptb33 、N22 等。其他农业防治措施与褐飞虱相同

47. 如何对白背飞虱开展化学防治？

参见褐飞虱的化学防治。

48. 如何识别灰飞虱？

（1）成虫 有长翅型、短翅型 2 种。长翅雌虫体长（连翅）4～4.2 毫米，雄虫体长（连翅）3.5～3.8 毫米，短翅雌虫体长 2.4～2.8 毫米，雄虫体长 2.1～2.3 毫米。雌虫黄褐色，雄虫黑色。头顶略突出，雌、雄虫额、颊均为黑色。雌虫中胸背板淡黄色，两侧暗褐色；雄虫中胸背板深黑色，翅半透明，带灰色。前翅后缘中部有 1 翅斑。

（2）卵 长椭圆形，稍弯曲，前端细于后端。初产时乳白色，半透明，渐变为淡黄色。卵粒双行排列成块，形状像一粒粒鱼籽。

（3）若虫 共 5 龄。三至五龄若虫，体灰黄至灰褐色，腹部背面灰色斑纹较清晰，第三、第四腹节背面各有 1 对"八"字形浅色斑纹，第六至第八腹节背面的淡色纹呈"一"字形，并各有淡色圆斑 1～3 对。若虫落水后，两后足伸展呈"八"字形，但张开角度小于白背飞虱。

49. 灰飞虱的危害症状有哪些？

灰飞虱以成虫和若虫群集在稻丛基部取食为害，用

口器刺吸稻株汁液。雌虫还用产卵器刺破茎秆组织，被害稻茎，初期在表面呈现许多不规则的长条形棕褐色斑点，严重时稻茎下部变成黑褐色，易倒伏、枯死。同时因大量蜜露洒落在附近叶片或稻穗上而孳生霉菌，但很少出现类似褐飞虱和白背飞虱造成的"黄塘"、"冒穿"、"透顶"或"塌圈"等症状。水稻抽穗以后，部分若虫转移到稻丛的中、上部和穗部取食为害，影响灌浆，导致千粒重降低，瘪谷率增加，造成严重减产。

灰飞虱不仅直接为害水稻，而且是水稻条纹叶枯病、水稻黑条矮缩病等多种病毒病的传播媒介，所造成的危害常大于直接取食为害。

50. 灰飞虱有哪些主要生活习性？

灰飞虱耐寒畏热，最适温度为 23℃～25℃。夏季高温单季稻区和双重稻区的对其极为不利，是其种群增长的限制因子。灰飞虱主要发生于早稻。成虫有趋光、趋嫩绿和趋边行的习性，田边虫口密度远高于田中。雌虫喜在生长嫩绿、高大茂密的植株上产卵。卵多产于稻株下部叶鞘和叶片基部中脉的两侧组织内，少数在下部叶片中肋内、无效分蘖及杂草的茎腔中。产卵量一般数十粒；越冬代最多，可达 500 粒左右。

灰飞虱在田间喜通透性良好的环境，栖息于植株较高的部位，并常向田边聚集。成虫翅型变化较稳定，越冬代以短翅型居多，其余各代以长翅型居多，雄虫除越冬代外，其余各代几乎均为长翅型成虫。

51. 灰飞虱的发生有何规律?

灰飞虱各稻区均有分布,以长江中下游及华北稻区发生较多,由北向南 1 年发生 4～8 代。华北地区,1 年发生 4～5 代;江苏、浙江、湖北、四川等长江流域稻区,1 年发生 5～6 代;福建 1 年发生 7～8 代,田间世代重叠。

灰飞虱属本地越冬害虫,在各地均可越冬。福建、广东、广西和云南南部,冬季 3 种虫态均可发现,其他各地主要以三、四龄(少量五龄)若虫在麦田、绿肥田、紫云英或沟边、河边的禾本科杂草上越冬,尤以背风向阳处为多。

早春旬平均温度在 10℃左右,越冬幼虫开始羽化,12℃以上达羽化高峰。华北稻区越冬若虫 4 月中旬至 5 月中旬羽化,在麦田繁殖 1 代后迁入水稻秧田和直播本田、早栽本田或玉米田,6～7 月份大量迁入本田为害,直至 9 月初水稻抽穗期至乳熟期,第 4 代若虫数量最大,为害最重。南方稻区越冬若虫 3 月中旬至 4 月中旬羽化,以 5～6 月份早稻中期发生较多。

冬小麦大面积种植区,或冬小麦与单、双季稻混栽区,因寄主营养适宜,均有利灰飞虱的发生。大量偏施氮肥或施肥过迟,使稻苗生长过分嫩绿,易引诱成虫产卵,加重为害。

52. 如何防治灰飞虱?

(1)农业防治　水稻播种前和收获后清除田边、沟边杂草;春季在成虫羽化前适时耕翻、灌水,消灭越冬虫源。

（2）化学防治　由于灰飞虱可传播水稻条纹叶枯病等多种病毒病，所以"治虫防病"、"切断毒源"是防治的基本方针。根据病毒侵染越早、病情越重的规律，采取"治秧田保大田，治前期保后期"的策略。常用药剂与防治褐飞虱和白背飞虱的药剂相同。在防治秧田和大田的同时，应注意对田边、沟边的杂草进行防治，确保提高防治效果。

建议轮换使用以上药剂，以延缓灰飞虱产生抗药性。选择持效性较好的氟虫腈、噻虫嗪、吡虫啉等与速效性较好的毒死蜱、异丙威、敌敌畏等混用，以提高防治效果。

53. 如何识别黑尾叶蝉？

（1）成虫　体长 4.5～6 毫米，体黄绿色，头与前胸背板等宽，向前成钝圆角突出，头顶复眼间接近前缘处有 1 条黑色横凹沟，内有 1 条黑色亚缘横带。复眼黑褐色，单眼黄绿色。前胸背板黄绿色，后半部颜色较深。雄虫胸、腹部腹面及背面黑色，前翅鲜绿色，翅末端 1/3 处黑色；雌虫腹面淡黄色，腹背黑色，前翅末端淡黄褐色。

（2）卵　长约 1～1.2 毫米，长椭圆形，微弯曲似茄子状。初产时白色半透明，渐变为淡黄褐色，近孵化前一端有 1 对红色眼点。卵成块，单层、整齐的产于水稻叶鞘边缘内侧的组织内。产卵处稍隆起，淡褐色，可透见其内的卵粒。

（3）若虫　共 5 龄。一、二龄体长 1.2～2.0 毫米，黄白色，复眼红色及红褐色。三龄体长 1～2.5 毫米，淡黄绿色，复眼赤褐色，复眼间有"八"字形褐斑，前翅微现翅芽。四龄体长 2.5～2.8 毫米,黄绿色,复眼棕黑色,前翅芽伸至第一腹节,后翅芽伸至第二腹节。五龄体长 3.5～4.0 毫米,黄绿色,复眼棕色,中、后胸背板各有 1 倒"八"字形褐斑,前翅芽覆盖过后翅芽,并伸至第三腹节。

54. 黑尾叶蝉的为害症状有哪些?

黑尾叶蝉以成、若虫群集于稻株茎秆下部刺吸汁液为害,也可在叶片和穗部取食,影响水稻正常生长。对水稻生产的危害类似稻飞虱。黑尾叶蝉取食和产卵时刺伤寄主茎叶,破坏输导组织,被害处呈现许多褐色斑点,严重时植株发黄或枯死,甚至倒伏。同时黑尾叶蝉还传播水稻普通矮缩病、水稻黄矮病和黄萎病等多种病毒病害,传播病害造成的损失往往比取食为害大得多。

55. 黑尾叶蝉有哪些主要生活习性?

黑尾叶蝉成、若虫均较稻飞虱活泼,受惊吓即横行或斜走逃避,惊动剧烈则跳跃或飞去。成虫白天多栖息于稻丛中、下部,晨间或夜晚在叶片上部为害。成虫趋光性强,并有趋嫩绿稻株产卵的习性。卵多产于稻株叶鞘内侧表皮组织内,少数产于叶片中肋内,每雌平均产卵量120 粒以上,多者可达 700 余粒。

若虫多群集于稻丛基部,少数可取食叶片和穗,具体部位随水稻生育期不同而有所变化,一般较褐飞虱位置稍高。

56. 黑尾叶蝉的发生有何规律?

黑尾叶蝉分布于我国各稻区,尤以长江流域发生较多。年发生代数随地理纬度而异。河南信阳、安徽阜阳1年发生4代;江苏南部、上海、浙江北部以5代为主;江西南昌、湖南长沙以6代为主;福建福州、广东曲江以7代为主;广东广州以8代为主;田间世代重叠。

黑尾叶蝉主要以若虫和少量成虫在冬闲田、绿肥田、田边等处的杂草上越冬,主要食料是看麦娘。若天气晴朗,气温在12.5℃以上,还可以活动取食。3月中旬以后逐渐羽化为成虫,迁飞到早稻秧田,在秧苗上产卵,后被带到本田;羽化迟的越冬代成虫,则直接迁飞到本田为害。长江流域以7月中旬至8月下旬发生量较大,主要在早稻生长后期、中稻灌浆期、单季晚稻分蘖期和连作晚稻秧田及分蘖期为害;华南稻区则在6月上旬至9月下旬均有较大发生量,为害早稻穗期和晚稻各生育期。

冬季温暖,降水少,越冬虫死亡率低,带毒个体体内病毒增殖速度较快,传毒力较强,翌年较易大发生。该虫喜高温干旱,6月份气温稳定回升后,虫量显著增多,至7~8月份高温季节达发生高峰。单、双季稻混栽区食料连续、丰富,该虫发生量大,为害重;连作稻区早、晚稻换茬期食料连续性较差,发生量次之。早栽、密植以及肥水管理不当而造成稻株生长嫩绿、茂密郁闭,田间湿度增大,有利于该虫发生。

57. 如何防治黑尾叶蝉?

应采取治虫源,保全面;治前期,保后期;治秧田,保大田;治前季,保后季的防治措施。

(1)农业防治 压低越冬虫源基数。结合冬、春季积肥,铲除田边、沟边杂草;翻耕冬闲田、绿肥田,减少越冬虫源。选育和推广种植抗、耐虫水稻品种,如杂交稻威优6号、汕优6号等。因地制宜,改革耕作制度,避免混栽,减少桥梁田;品种合理布局,实行同品种、同生育期的水稻连片种植,避免插花种植。加强肥水管理。做到"促控结合",使水稻前期生长不过旺,后期不贪青晚熟。

(2)物理防治 在成虫盛发期进行灯光诱杀。

(3)化学防治 应抓好对秧田、本田初期和稻田边行的防治;病毒病流行地区要做到灭虫在传毒之前。当百丛虫口密度达300~500头或病病毒流行地区百丛达50~100头时,需及时用药防治。防治适期掌握在二、三龄若虫高峰期进行药剂防治。常用药剂有:20%叶蝉散(扑灭威)乳油、20%异丙威乳油、20%仲丁威乳油、50%混灭威乳油、30%马拉·异丙威乳油、20%异威·矿物油乳油、45%马拉硫磷乳油、45%杀螟硫磷乳油、20%哒嗪硫磷乳油、30%乙酰甲胺磷乳油、40%乐果乳油、10%异丙威粉剂、2%叶蝉散粉剂、25%速灭威可湿性粉剂、25%甲萘威可湿性粉剂等。

58. 如何识别白翅叶蝉?

(1)成虫 雌虫体长3.5~3.7毫米,雄虫3.3~3.5毫米。头、胸部和腹部腹面橙黄色。头部前缘两侧各有1个半圆形白斑。前胸背板中央有1个淡灰黄色菱形斑,斑的两侧各有1个小白点。前翅灰白色,半透明,有虹彩闪光;后翅淡橙色,较前翅透明。

(2)卵 长约0.65毫米,略呈瓶形(侧观长卵圆形),

略弯曲,前端尖,后端钝圆,乳白色,半透明。孵化前,前端出现 1 对紫红色眼点。卵散产于稻叶中肋组织空腔内。

(3)若虫　共 5 龄。末龄若虫体长 2.4～3.2 毫米,浅黄绿色。胸部各节背面两侧有烟褐色斑纹,一龄除外,这些斑纹上还散布许多淡黄褐色圆点。体表生有许多刺毛。

59. 白翅叶蝉的危害症状有哪些?

白翅叶蝉以成、若虫刺吸水稻叶片汁液,受害叶片初现零星白色小斑点,随后连成点状条斑,最后白色条斑变成褐色。受害轻时影响光合作用,严重时整叶干枯,形同火烧,导致谷粒不饱满,降低产量。

60. 白翅叶蝉有哪些主要生活习性?

白翅叶蝉成虫活泼、善飞,受到惊吓则横行躲避或飞跃它处。若虫一般无跳跃能力,受惊则横行或斜走。成虫有极强的趋嫩绿和趋光习性。成、若虫大多栖息在稻株上部叶片取食为害,湿度稍低或刮风下雨时则栖息于稻丛下部。成虫羽化后需补充营养才能交配产卵,卵散产于叶片中肋肥厚部分的组织内。

61. 白翅叶蝉的发生有何规律?

白翅叶蝉中南部稻区 1 年发生 3～6 代,世代重叠。其中湖南、浙江等地,1 年发生 3 代;福建、重庆等地,1 年发生 4 代。以成虫在小麦田、绿肥田及田边、沟边、塘边

散到嫩叶上为害,导致叶尖失水纵卷。在卷叶内若虫发育至三龄即停止取食,但仍能爬行,至四龄才终止活动。

71. 稻蓟马的发生有何规律?

稻蓟马各稻区均有分布。以江淮流域及其以南各省稻区发生较多。江苏,年发生 9～11 代;安徽 1 年发生 11 代;浙江 1 年发生 10～12 代;福建中部 1 年发生 15 代,广东中、南部,1 年发生 15 代以上。在福建和两广南部,可终年繁殖为害。稻蓟马世代周期短,发生代数多,田间世代重叠严重。

稻蓟马以成虫在麦类、李氏禾、看麦娘、游草、早熟禾、囊颖草等禾本科植物的心叶中或基部青绿的叶鞘间越冬。越冬成虫于气温稳定在 8℃ 以上时,开始在越冬寄主上产卵、繁殖。4 月中旬即就近迁入秧田为害。成虫迁移扩散力强,喜选择 3 叶期至分蘖期的水稻产卵为害;在稻田内繁殖 3～4 代,世代重叠。晚稻圆秆拔节以后,多数迁往再生稻或落谷苗上繁殖 3～4 代,至冬季转移到越冬寄主上越冬。

稻蓟马发育的最适温度为 20℃～25℃,耐低温能力较强,但不耐高温,特别是持续高温。当气温超过 28℃,雌虫比例、成虫寿命、产卵量与孵化率均明显降低。冬、春季温暖少雨有利于其越冬,早春升温早有利于越冬代的繁殖。由春至夏,稻蓟马种群数量与日俱增,21℃～22℃ 以后,进入田间盛发为害期。此段时间内,凡稻苗嫩绿的田块,稻蓟马的虫口密度一直较高。稻蓟马发生适宜的相对湿度在 80% 以上。长江流域梅雨出现的早晚和持续时间与稻蓟马发生程度有关。一旦梅雨结束,气温随即上升至 28℃以上,不利其生长繁殖,所以梅雨季节长的年份,稻蓟马发生为害重。

稻蓟马有趋幼嫩稻苗为害的习性,主要发生在水稻秧苗期和本田分蘖期。这期间由于稻株不断抽出新叶,适宜于其取食和产卵,同时心叶的喇叭口又是成虫及初孵若虫的主要隐蔽场所。因此,单、双季稻并存,早、中、晚稻混载,为稻蓟马转移为害和虫量积累创造了有利的食料条件。此外,插植小苗秧、嫩秧、密植、深灌、氮肥多、禾苗生长嫩绿郁闭的稻田,周边及田内杂草丛生的稻田,易诱发稻蓟马为害。

现已发现稻蓟马能取食 3 科 58 种杂草,尤其喜食李氏禾,因此其发生与杂草有密切关系。

72. 稻蓟马的农业防治措施有哪些?

(1)消灭越冬虫源 冬、春期间结合积肥,铲除田边、沟边、水塘边杂草,特别要注意清除秧田附近的游草及其他禾本科杂草,减少越冬虫源和早春繁殖的中间寄主。

(2)合理布局 调整种植制度,尽量避免早、中、晚稻混栽,相对集中播种期和移栽期,使水稻生育期一致,减少稻蓟马繁殖的桥梁田和辗转为害的机会。

(3)合理施肥 在施足基肥的基础上,合理搭配氮、磷、钾肥,适时适量追施返青肥,促使秧苗健壮生长,减轻为害。

73. 稻蓟马的化学防治措施有哪些?

(1)化学防治策略 狠治秧田,巧抓大田,主防若虫,兼防成虫。

（2）播种前进行药剂拌种或种子包衣处理　常用药剂有：47％丁硫克百威种子处理乳剂、1.3％咪鲜·吡虫啉悬浮种衣剂、35％丁硫克百威种子处理干粉剂等。

（3）秧田和本田喷药防治　一般秧田卷叶率达10％～15％或百株虫量达 100～200 头；本田卷叶率达20％～30％或百株虫量达 200～300 头，即进行化学防治。重发区，在秧田秧苗 4 或 5 叶期用药 1 次，第二次在秧苗移栽前 2～3 天用药。常用药剂有：10％吡虫啉（一遍净、蚜虱净、大功臣、康复多、必林）可湿性粉剂、80％杀虫单可溶粉剂、25％噻虫嗪（阿克泰）可湿性粉剂、45％马拉硫磷乳油、35％赛丹乳油、10％除尽乳油、1.8％阿维菌素乳油、50％辛硫磷乳油、90％敌百虫晶体、25％杀虫双水剂等。

74. 如何识别稻瘿蚊？

（1）成虫　体长 3.5～4.5 毫米，体淡红色，密布细毛，形状似蚊。雄成虫略小，触角远较雌成虫的长。触角黄色，15 节，1、2 节球形，3～14 节的形状因雌、雄而不同：雌虫近圆筒形，中央略凹；雄虫近似葫芦状，中间明显收缩，似呈 2 节。中胸小盾片发达，腹部纺锤形隆起似驼峰。前翅透明，具 4 条翅脉。

（2）卵　长约 0.5 毫米，长椭圆形，表面光滑。初产时乳白色，渐变为橙红色或紫红色。

（3）幼虫　共 3 龄。一龄幼虫蛆形，体长约 0.78 毫米；二龄幼虫纺锤形，体长约 1.3 毫米；三龄幼虫体形与二龄幼虫相似,体长约 3.3 毫米。末龄幼虫头部两侧有 1 对很短的触角,第二节腹面中央有 1 红褐色叉状骨。

(4)蛹　长椭圆形,橙红色。头部有顶角 1 对,雌蛹体长 4.5 毫米,腹末渐细;雄蛹体长 3.6 毫米,腹末突然收缩。

75. 稻瘿蚊的为害症状有哪些?

稻瘿蚊以幼虫蛀食水稻苗期生长点,水稻从秧苗期到幼穗形成期均可受害,幼穗分化后一般不再受害。

水稻受害初期无症状,待稻瘿蚊产卵后 12～15 天,稻苗才出现症状,即水稻生长点被破坏。葱管初成,心叶缩短,分蘖增多,茎基部膨大;随后心叶停止生长,幼茎也随之出现萎缩、弯曲;叶鞘部分愈合、伸长,最后形成淡绿色中空的葱管,5～6 天后葱管抽出形成"标葱"。受害严重的水稻不能抽穗,几乎都形成"标葱"或扭曲不能结实。

76. 稻瘿蚊有哪些主要生活习性?

稻瘿蚊成虫寿命短,雌虫 36 小时,雄虫 12 小时,未交配成虫有趋光性。成虫羽化当晚即可交配。卵多散产于叶片上,少数产于叶鞘、心叶、穗部。平均每雌产卵 160～200 粒。

卵多在夜间孵化。初孵幼虫需借助叶面水珠或水层才能蠕动,经叶鞘间隙或叶舌边缘侵入稻茎,再由叶鞘内壁下行至基部,侵入稻苗生长点取食为害,整个过程历时 2～3 天,之后幼虫在稻株内取食为害直至化蛹。老熟幼虫于葱管基部化蛹,羽化前扭动蛹体上升到葱管顶端。

在羽化孔口留下白色的蛹壳。

稻瘿蚊成虫、卵、幼虫均喜高湿而不耐干旱,当降水量大、雨日多、湿度高、气温偏低时,该虫发生量大,危害重。单、双季稻混栽区因存在桥梁田,发生为害严重。

77. 稻瘿蚊的发生有何规律?

稻瘿蚊分布于我国的广东、广西、湖南、江西、云南、海南、贵州、福建、台湾等省区,是华南、西南地区中、晚稻的重要害虫,局部地区受害严重程度甚至超过水稻螟虫和稻纵卷叶螟。

稻瘿蚊以一龄幼虫在田边、沟边等处的游草、李氏禾、野生稻中越冬,云南南部及海南亦可在再生稻、落谷自生苗中越冬。该虫一般1年发生6~12代。第二代后世代重叠,但各代成虫盛发期明显。一般1、2代发生数量少,为害早稻较轻;第三代数量激增,易对中稻、单季晚稻、双季晚稻的秧田和本田造成严重危害;4~6代虫口多,严重为害迟熟中稻和晚稻。

78. 如何防治稻瘿蚊?

防治稻瘿蚊应采用"抓秧田,保本田,控为害,把三关,重点防治主害代"的策略。

(1)农业防治

①铲除越冬寄主游草、再生稻、落谷稻　晚稻收割后及时翻耕晒田,灌水溶田,可有效杀死残留田间的稻瘿蚊虫源,减少越冬虫源。

②合理调整稻田耕作制度　推行水稻种植区域化,

减少稻瘿蚊桥梁田双季稻区一律种植双季稻,避免插花种植,这样可以有效切断第三代稻瘿蚊成虫产卵取食的桥梁田,压低第 4 代稻瘿蚊的虫量。

③提倡栽培避蚊　早发苗,早控苗,控好苗,是减轻稻瘿蚊为害的关键技术。根据水稻品种特性适当调整播种期和移栽期,使水稻易受稻瘿蚊侵害的生育敏感期(秧苗期至幼穗分化三期)与稻瘿蚊的各代幼虫盛发期错开。推行够苗晒田,控制田间无效分蘖,避免连续不断抽生的无效分蘖为稻瘿蚊的取食和繁殖提供有利条件。提倡集中统一播种、育秧,推广水播旱管、旱育稀植等育秧方式,可有效降低稻瘿蚊的危害。

④种植抗虫品种　我国目前有部分品种对稻瘿蚊有较好的抗性。鉴于稻瘿蚊存在不同的生物型,抗虫品种对不同生物型的抗性水平不同,因此需针对当地稻瘿蚊生物型状况选用合适的抗虫品种。

(2)化学防治　受害较重的中稻、晚稻田需进行药剂防治,重点在秧田期和本田早期用药。

①种子处理　播种前用药剂拌种。常用药剂有:5%丁硫克百威种子处理干粉剂、50 克/升氟虫腈种子处理悬浮剂。

②秧田期防治　可在播种前或秧苗 1 叶 1 心期用毒土法将药剂拌细土或细沙撒施,防治效果较好。常用药剂有:5%毒死蜱颗粒剂、10%灭线磷颗粒剂、5%甲萘威颗粒剂、3%克百威颗粒剂、3%氯唑磷颗粒剂等。若秧苗移栽前 7~10 天发现秧苗内活虫率超过 2%时,也可采用

毒土法防治,药剂同上。施药前稻田必须灌好水,药后保持水层 3～5 天,以提高药效。若移栽前发现秧苗带虫,可用药剂浸秧根后在阴凉处用薄膜覆盖 5 小时再移栽。常用药剂同本田防治药剂。

③本田防治　在移栽后 7～20 天内幼虫孵化高峰期用药,常用药剂有:10％吡虫啉可湿性粉剂、48％毒死蜱乳油、480 克/升毒死蜱乳油、5％丁烯氟虫腈悬浮剂等。

注意采用"药肥兼施,以药杀虫,以肥攻蘖,促蘖成穗"的原则,一般施药时每 667 平方米拌施尿素 7～10 千克,可进一步利用稻苗较强的补偿能力降低稻瘿蚊的危害。

79. 如何识别稻秆潜蝇?

(1)成虫　体长 2.3～3 毫米,翅展 5～6 毫米,体鲜黄色。头部背面有 1 菱形黑色大班;胸部背面具 3 条纵向并列的黑色长斑,中间 1 条略靠前;其两侧尚有短而细的黑色纵斑。腹部纺锤形,各节背面前缘具黑褐色横带,第一节背面两侧各有 1 个黑褐色小斑点,腹面淡黄色。翅透明,翅脉褐色。足黄褐色,跗节末端暗黑色。

(2)卵　长约 1 毫米,瘦长椭圆形,白色。上有纵向凹沟,现波状柳条纹,孵化前淡黄色。

(3)幼虫　蛆形。老熟幼虫体长 6～7 毫米,淡黄白色,有光泽,近纺锤形,前端略尖,口器浅黑色,尾端分 2 叉。

(4)蛹　长 5～6 毫米,淡黄色。尾端也 2 分叉。羽化前颜色变深。

80. 稻秆潜蝇的为害症状有哪些?

稻秆潜蝇以幼虫蛀入稻茎内为害心叶、生长点及幼穗。

(1)苗期受害 抽出的心叶上有椭圆形或长条形小孔洞,四周色淡或发黄,后发展为纵裂长条状,致叶片破碎,常称为"破叶",严重时抽出的心叶扭曲而枯萎,若遇夏季高温由于取食时断时续,被害叶片则形成细的裂缝,有的只见细小洞孔。

(2)生长点受害 分蘖增多,植株矮小,抽穗延迟,穗头小,秕谷增加。

(3)幼穗分化期受害 颖花退化,不能产生正常谷粒,抽穗后表现为穗上部 1/3 或部分无谷粒,仅有少许退化发白的枝梗或畸形小颖壳,俗称"花白穗"或"雷打稻",严重时,穗呈白色,直立不弯头,与螟害的白穗相似。

81. 稻秆潜蝇有哪些主要生活习性?

成虫多在上午羽化,白天活动。羽化后 1～3 天交尾,可交尾多次;喜阴湿环境。卵散产于植株下部叶片背面或叶鞘上,通常 1 叶 1 粒,偶有数粒者。单雌产卵量变化大,约 2～81 粒。

幼虫孵化后,借助露水爬至叶枕处侵入叶鞘,后钻入心叶;侵入后 5～7 天,新叶出现被害状。水稻抽穗后,幼虫在叶鞘内生存。一般 1 株 1 虫,少数 1 株 2 虫,未发现转株现象。

幼虫老熟后在叶鞘内经 4～5 天以上的预蛹期后化

蛹,早稻上,一般在剑叶叶鞘内叶枕处,中、晚稻和冬小麦一般于第二叶鞘内叶枕处。幼虫有高温滞育现象。

82. 稻秆潜蝇的发生有何规律?

稻秆潜蝇别名稻秆蝇、稻钻心蝇、双尾虫等。国内分布于黑龙江、浙江、江西、湖南、湖北、广东、广西、云南、贵州等省、自治区。主要为害水稻,也为害麦类及稗草、游草等禾本科杂草。近年来,南方稻区发生较多,有危害加重的趋势,特别是山区、丘陵等气候冷凉的地区。

稻秆潜蝇末代成虫产卵于小麦、看麦娘、游草等禾本科植物,幼虫孵化后钻入其心叶为害并越冬。在冬季温暖地区无越冬现象。翌年3月下旬至4月上旬化蛹,4月中下旬羽化。成虫产卵于早稻秧苗和早栽早稻稻株上。5月第一代幼虫孵化,为害秧苗心叶。第一代成虫于6月上、中旬羽化,产卵于中稻本田和晚稻秧田,6月下旬~7月初孵化出第二代幼虫,为害中稻幼穗和晚稻心叶。

稻秆潜蝇喜温凉、湿润气候,有迁飞习性,一年中随着温度的升高,各代由中山区向高山区迁飞。蔽阴潮湿、光照少、叶色浓绿的稻田易诱集成虫产卵,受害重。雨水多,幼虫孵化率、侵入率高,利于其发生;干旱对其不利。早稻早栽,生长旺盛的,受害重;迟栽的,受害轻。第二代幼虫发生盛期恰遇水稻处于分蘖、圆秆期,受害重。水稻不同品种对稻秆蝇的抗性有明显差异,一般杂交水稻受害重。

83. 稻秆潜蝇的农业防治措施有哪些?

(1)压低虫源基数　冬、春季节及时清除田边及周边杂草,消灭越冬寄主。

（2）适期播种　适当调整水稻播种期或选择生育期适当的品种,可避开成虫产卵高峰期,如中稻地区适当选用早熟品种,使抽穗提早,可避开二代幼虫为害幼穗。

（3）加强栽培管理　合理密植,合理搭配氮、磷、钾肥,不偏施、迟施氮肥,使水稻生长健壮。

84. 稻秆潜蝇的化学防治措施有哪些?

（1）化学防治策略　由于稻秆潜蝇第一代为害重且发生整齐,盛期也明显,利于防治。因此,在发生较重的地区或年份,应采取狠治一代,挑治二代,巧治秧田的防治策略。掌握成虫盛发期、卵盛孵期进行药剂防治。

（2）化学防治指标　平均每株秧苗有卵 0.1 粒,本田平均每丛有卵 2 粒的田块;卵孵盛期后,为害株以稻苗刚展出的"破叶株"为标志,秧田期虫害株率在 1% 以上,本田期虫害株率在 3%～5%,可确定为防治对象田。

（3）秧田防治　可采用药剂拌细土撒施或药液浸秧根的方法进行。常用药剂有:3% 克百威颗粒、3% 米乐尔颗较剂、10% 杀虫双大粒剂、36% 克螨蝇乳油、40% 乐果乳油等。

（4）本田喷雾防治　常用药剂有:48% 乐斯本乳油、1% 阿维菌素乳油、20% 好年冬乳油、40% 乐果乳油、25% 杀虫双乳油、80% 敌敌畏乳油、10% 吡虫啉(一遍净、蚜虱净、大功臣、康复多、必林)可湿性粉剂等。

85. 如何识别稻水象甲?

（1）成虫　体长 2.6～3.8 毫米,体宽 1.15～1.75 毫

米。有深浅不同的色型,体表覆盖淡绿色至灰褐色鳞片,从前胸背板的端部至基部,有一个由黑色鳞片组成的大口瓶状暗斑,沿鞘翅基部向下延伸至鞘翅 3/4 处,有一个不整齐的黑斑,无小盾片。触角生于喙中间偏前,赤褐色,触角棒呈倒卵形或长椭圆形,仅端部密生细毛,基部光滑。中足胫节两侧各有一列白色长毛(游泳毛),胫节末端有钩状突起或内角突起。雌成虫后足胫节有前锐突和锐突,锐突长而尖,雄成虫仅具短而粗的二叉形锐突。

(2)卵　长约 0.8 毫米,圆柱形,两端圆,略弯,珍珠白色。

(3)幼虫　体长 8～12 毫米,共 4 龄,白色,无足,头部褐色,体呈新月形。腹部 2～7 节背面各有一对长而略向前弯的钩状突起(气门),在幼虫淹水时得以从根内和根周围获得空气(识别稻水象甲幼虫的重要特征)。

(4)蛹　老熟幼虫先在寄主根系上作土茧,然后在土茧中化蛹,土茧长约 5 毫米,宽约 3 毫米。蛹白色,大小和形状近似成虫,但喙紧贴于胸部,复眼黑色。

86. 稻水象甲的为害症状有哪些?

稻水象甲以成虫和幼虫取食为害水稻。成虫食叶,幼虫食根,以幼虫为害为主。成虫多在叶片的叶缘或中间沿叶脉方向取食上表皮及叶肉组织,留下下表皮,形成长短不等的白色纵条斑,条斑两端钝圆,长度一般不超过 3 厘米。幼虫在水稻根内和根上取食,一至三龄幼虫蛀食根部,四龄后爬出稻根,直接咬食根系。幼虫密集根部,根系被取食,刮风时稻株易倒伏,严重时漂浮在水面,根系受害后变黑或腐烂。

87. 稻水象甲有哪些主要生活习性？

成虫白天潜入水面下的根部附近活动，傍晚爬至叶尖。飞翔能力强，有强趋光性和趋嫩性，喜食幼嫩叶片。均行孤雌生殖，卵多产于稻株水面以下的叶鞘组织内，无水不产卵。1头成虫产卵 60～80 粒，最多可产 100 粒以上，卵期 6～8 天。

初孵幼虫在叶鞘内短暂取食，后落入水中蛀入根内为害，三龄前蛀空稻根，三龄后爬出稻根外，直接咬食根系。幼虫期 30～40 天，有转株为害习性。老熟幼虫在活根上结土茧化蛹。

88. 稻水象甲的发生有何规律？

稻水象甲 1 年发生 1～2 代。北方单季稻稻区，1 年发生 1 代，如河北、辽宁、吉林、北京和山东等地；南方双季稻稻区或单双季稻混栽稻区，1 年发生 1 代或 2 代，如浙江温岭、玉环等地每年发生 1 代和一个不完全 2 代；在温州等沿海地区和台湾，1 年发生 2 代，但主要以第一代幼虫为害早稻，1 代成虫羽化后大多迁飞到稻田附近的山上越夏、越冬，仅少量个体发育为第二代。因此，晚稻虫量少而受害轻。

稻水象甲以成虫在稻田周围的杂草丛、树林、落叶层中滞育或休眠越冬，部分可在稻茬内越冬。次年春季气温回升后，越冬成虫解除滞育开始取食杂草、玉米或小麦等。后陆续迁入水稻秧田，取食为害；水稻插秧后迁入本田,取食为害。

89. 如何防治稻水象甲?

(1)检疫控制　目前稻水象甲只局部地区有分布,通过划定疫区、设立检疫哨卡等措施,严禁从疫区调运携带稻水象甲的植物及植物产品。对来自疫区的交通工具、包装填充材料应严格检查,必要时做灭虫处理,可有效延缓稻水象甲向非疫区的扩散速度。

(2)农业防治　水稻收获后及时翻耕灭茬,可降低成虫越冬存活率。冬、春季节,清除和烧毁稻田周围杂草,可直接消灭稻水象甲越冬成虫。合理施肥。施肥多的稻田,幼虫量大,呈正相关;因此,合理搭配氮、磷、钾肥可降低虫口密度。适时晚移栽,培育健壮秧苗增加水稻耐害能力,尤其是返青期干湿交替管水对减轻稻水象甲为害具有良好的效果。

(3)物理防治　利用稻水象甲成虫具有趋光性的特征,设置黑光灯进行诱杀。

(4)化学防治　根据稻水象甲为害早稻秧田、本田初期和目前生产上大多药剂防治成虫比防治幼虫效果好的特点。抓住越冬代成虫防治这一关键时期,宜采取的总体防治策略是"狠治越冬代成虫,兼治第一代幼虫,挑治第 1 代成虫"。常用药剂有:20%辛硫·三唑磷乳油、22%马拉·辛硫磷乳油、30%吡虫啉微乳剂、10%醚菊酯悬浮剂、5%丁硫克百威颗粒剂等。

第四章　稻田草害及防治

1. 如何识别稗草?

稗草又称稗、稗子、野稗、粗稗、鸭脚稗、水稗草,是禾本科一年生草本植物。

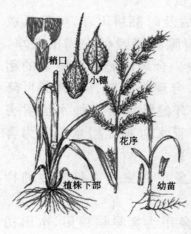

图 1　稗

（1）成株　茎秆光滑,丛生,直立或基部膝曲,株高 50～130 厘米。叶片条形,无毛;叶鞘光滑,无叶舌。圆锥花序塔形,较开展,直立粗壮,主轴具棱,有 10～20 个分枝,分枝为穗形总状花序,并生或对生于主轴,斜上或贴生。小枝上有 4～7 个小穗,小穗有 2 个卵圆形的花,长约 3 毫米,具硬疣毛,密集于穗轴的一侧;第一小花雄性或中性,第二小花两性;颖具 3～5 脉;第一外稃草质,脉上有硬刺疣毛,具 5～7 脉,先端具 5～30 毫米的芒;第二外稃成熟呈革质,先端有小尖头,粗糙,边缘内卷,紧包内稃。

（2）幼苗　第一片真叶线状披针形,有 15 条直出平行脉,叶鞘长 3.5 厘米,叶片与叶鞘间分界不明显,无叶耳、叶舌,第二片真叶与前者相似。

(3)子实 颖果椭圆形,长 2.5~3.5 毫米,凸面有纵脊,黄褐色。

2. 稗草的分布及发生规律是什么?

稗草为一年生草本植物,在全国各地均有分布。植株适应性强,喜湿润、耐干旱,抗寒、耐盐碱,繁殖力强。稗草为水稻田危害最严重的恶性杂草,亦生于棉花、玉米、大豆、花生等秋熟旱作物地及菜园、茶园、果园、苗圃、路旁荒地等。以种子繁殖,种子具有多种传播途径,可借助水流和风力传播,或通过稻种调运等传播。子实在湿润土壤深层可存活 10 年之久。通过猪、牛消化道排出的稗草种子仍有一部分能发芽,所以田间稗草的侵染来源除作物种子混杂和本田残留外,厩肥也是重要的传播途径之一。

稗草的发生期早晚不一,但基本上属于晚春型杂草。种子在 11℃~45℃的温度范围内均可萌发,最适 20℃~35℃。适宜的土壤深度 1~2 厘米。春季气温升高达到 11℃以上时种子开始出苗,正常出苗的植株大致在 6 月中旬至 7 月上旬抽穗、开花,6 月下旬至 8 月初果实逐渐成熟,一般比水稻成熟期要早。

3. 如何防治稗草?

(1)农业防治 一是建立地平沟畅、保水性好、灌溉自如的水稻生产环境;二是结合种子处理清除杂草的种子,并结合耕翻、整地,消灭土表的杂草种子;三是实行定期的水旱轮作,减少杂草的发生;四是提高播种质量,保证一播全苗,以苗压草。

(2)化学防治 稗草形态、生长习性等与水稻非常相似,是稻田中极难汰除的杂草之一。加强秧田除稗,并结合本田"封闭",可有效防除稗草。常用除草剂有 90%禾草丹(杀草丹、灭草丹)乳油、96%禾草敌(禾大壮、禾草特、环草丹、草达灭)乳油、60%丁草胺(灭草特、去草胺、马歇特)乳油、16%敌稗乳油、30%丙草胺(扫莆特)乳油、20%噁草·丁草胺乳油、50%二氯喹啉酸(快杀稗)可湿性粉剂、88%苯噻酰草胺可湿性粉剂、45%苯噻·噁草酮可湿性粉剂、50%扑草净(扑灭净)可湿性粉剂等。

掌握在水稻 2 叶期后,稗草 1～7 叶期均可施药防治,以稗草 2～3 叶期药效最佳。施药前 2 天将田块排水,保持湿润,采用喷雾法,施药后 2～3 天放水回田,保持 3～5 厘米水层 5～7 天,恢复正常田间管理。水层不要超过 5 厘米,深水层将会降低除草效果。注意选取不同作用机理的除草剂交替使用和合理的混用,以减少用药次数,避免或延缓稗草产生抗药性。施药时严格按规定剂量用药,喷雾时力求雾滴均匀周到。

4. 如何识别异型莎草?

异型莎草又称球花碱草、球穗莎草、三方草,是莎草科一年生草本植物。

(1)成株 秆丛生,扁三棱形,株高 5～65 厘米。叶基生,条形,短于秆,宽 2～5 毫米。叶正面中脉处具纵沟,背面突出成脊。叶鞘稍长,淡褐色,有时带紫色。叶状苞片 2～3 枚,长于花序。
长侧枝聚伞花序简单,少数复
出,小穗生于花序伞梗末端,
密集成头状,披针形,长 2～5
毫米,具 8～18 小花。鳞片排
列松散,折扇状圆形,有 3 条
不明显的脉。雄蕊 2 枚,花药
1 枚。花柱短,柱头 3 枚。

(2)幼苗 第 1 片真叶线
状披针形,有 3 条直出平行
脉,叶片横剖面呈三角形,能
见 2 个气腔。叶片与叶鞘处

图 2 异型莎草

分界不明显。叶鞘半透明膜质,有脉 11 条,其中有 3 条较
显著。

(3)子实 小坚果微小,三棱状倒卵形,棱角锐,淡褐
色或浅棕色,表面具微突起,顶端圆形。果脐位于基部,
边缘隆起,白色。

5. 异型莎草的分布及发生规律是什么?

异型莎草主要分布在东北、华北、西南、华东、华中、
华南及台湾、宁夏、甘肃等地区。喜生于带盐碱性的土
壤,根浅而脆,易拔除,为水稻田及低湿旱地的恶性杂草,
尤以在水稻田中发生量大,危害重。

以种子繁殖。种子萌发的适宜温度 25℃～35℃,水
深超过 3 厘米不宜萌发。种子成熟后有2～3 个月的原生
休眠期。北方地区,于 5～6 月份出苗,8～9 月份种子成

熟,经休眠越冬后萌发;长江中下游地区1年可发生2代;热带地区周年均可生长、繁殖。异型莎草的种子繁殖量大,易造成严重的危害。又因其种子小而轻,故可以随风散落、随水漂流,或随种子、动物的活动传播。

6. 如何防治异型莎草?

(1)农业防治 平整稻田,加强前期田间水层管理,合理灌溉排水,防止干湿交替;使用清洁水源,灌排时滤除杂草种子;配方施肥,平衡氮、磷、钾供应,增强水稻植株竞争力;使用腐熟不带草籽的肥料;选用抑草的化感品种,适当密植;适当进行水旱轮作。

(2)化学防治 常用除草剂有30%莎稗磷乳油、20%乙草胺(禾耐斯)可湿性粉剂、50%苯噻酰草胺可湿性粉剂、80%丙炔噁草酮(稻思达)可湿性粉剂、10%苄嘧磺隆(农得时、稻无草、苄磺隆)可湿性粉剂、10%吡嘧磺隆(草克星)可湿性粉剂、60克/升五氟磺草胺•氰氟草酯(TopShot)油悬浮剂、15%乙氧磺隆(太阳星)水分散粒剂、30%2甲•氯氟吡可湿性粉剂、36%苄嘧•扑草净可湿性粉剂、480克/升灭草松(苯达松、排草丹、百草克)水剂、13%2甲4氯钠盐水剂、30%丙草胺(扫茀特)乳油、1%噁嗪草酮悬浮剂等。

7. 如何识别鸭舌草?

鸭舌草又称鸭舌子、水玉簪、鸭仔草、兰花草,是雨久花科一年生草本植物。

(1)成株 茎直立或斜生,株高10~30厘米,全株光滑无毛。叶上表面光亮,形状和大小多变异,有条形、披针形、矩圆状卵形、卵形至宽卵形,顶端渐尖,基部圆形、截形或浅心形,全缘,弧状脉。基生叶具长柄,茎生叶具短柄。叶柄长可达 20 厘米,基部具叶鞘。总状花序于叶鞘中抽出,腋生有 3～8 朵花,钟状,整个花序不超出叶的高度;花被 6 片,披针形或卵形,蓝色并略带红色。雄蕊 6,其中 1 个较大。

图 3 鸭舌草

(2)幼苗 子叶伸长将胚推出种壳外,先端仍留在壳中,膨大成吸器。下胚轴与初生根之间有节,甚至膨大成颈环。上胚轴缺。初生叶 1 片,披针形,基部两侧有膜质的鞘边。有 3 条直出平行脉,与其间横脉构成方格状。第一片后生叶与初生叶相似,露出水面渐变成披针形至卵形。

(3)子实 蒴果卵形,长约 1 厘米。种子卵圆形至长圆形,长约 1 毫米,表面具纵棱。

8. 鸭舌草的分布及发生规律是什么?

鸭舌草的分布遍及全国各水稻种植区,为稻田发生普遍、危害较重的一种杂草,多耐阴,占据下层空间,争夺土壤养分。以长江流域及其以南地区发生和危害最重,对早、中稻危害较重,对水稻中期生长的影响较大。

　　鸭舌草是沼生型一年生杂草,繁殖力强。以种子繁殖,种子具 2～3 个月原生休眠期。种子萌发的温度范围 20℃～40℃,最适约 30℃,适宜的土壤深度 0～1 厘米。光暗交替适于萌发。苗期 5～6 月份,花期 7 月份,果期 8～9 月份。

9. 如何防治鸭舌草?

　　(1)农业防治　平整稻田,加强前期田间水层管理,防止干湿交替;合理灌溉排水,使用清洁水源,灌排时滤除杂草种子;选用生长竞争能力强的作物品种,适当密植;配方施肥,平衡氮、磷、钾供应,增强水稻植株竞争力;使用腐熟不带草籽的肥料;在发生严重的田块,适当进行水旱轮作。

　　(2)化学防治　常用除草剂有:60％丁草胺(灭草特、去草胺、马歇特)乳油、25 克/升五氟磺草胺(稻杰)油悬浮剂、10％苄嘧磺隆(农得时、稻无草、苄磺隆)可湿性粉剂、13％噁草酮(农思它)乳油、80％丙炔噁草酮(稻思达)可湿性粉剂、10％吡嘧磺隆(草克星、水星)可湿性粉剂、480 克/升灭草松(苯达松、排草丹、百草克)水剂、13％ 2 甲 4 氯钠盐水剂等。

10. 如何识别千金子?

　　千金子又称绣花草、畔茅,是禾本科一年生草本植物。

　　(1)成株　秆丛生,直立,基部膝曲或倾斜,着土后节上易生不定根,高 30～90 厘米,平滑无毛。叶鞘无毛,多短于节间。叶舌膜质,撕裂状,上有纤毛。叶片扁平或多少卷折,先端渐尖。圆锥花序长 10～30 厘米,主轴和分枝均微粗糙,小穗多带紫色,长 2～4 毫米,有 3～7 朵小花,使整个花序呈紫色,复瓦状成双行排列在穗轴一侧。颖有 1 脉,无芒;外稃先端钝,无芒,有 3 脉,无毛或下部有微毛。

图 4　千金子

（2）幼苗　第 1 片真叶长椭圆形,长 3～7 毫米,宽 1～2 毫米,有 7 条直出平行脉;叶舌白色膜质环状,顶端齿裂;叶鞘短,边缘薄膜质,脉 7 条;叶片、叶鞘均被极细短毛。

（3）子实　颖果长圆形,长约 1 毫米。

11. 千金子的分布及发生规律是什么?

千金子主要分布于长江流域及其以南地区,陕西亦有分布和危害。为湿润秋熟旱作物和水稻田的恶性杂草,尤以水改旱田间湿度大时,发生量大,危害严重。在水层较浅,干湿交替的直播水稻田发生尤为严重。

以种子繁殖,种子萌发的适宜温度在 20℃以上。干旱和淹水都不适于种子萌发。长江中下游地区 5～6 月份出苗,6 月中下旬出现高峰,8～11 月份陆续开花、结果或成熟。子实随熟随落,借水流、风力传播,或混杂于收获物中扩散。种子经越冬休眠后萌发。

12. 如何防治千金子？

（1）农业防治　平整稻田，防止田间干湿交替；选用竞争能力强的水稻品种育苗移栽，适当密植；合理灌溉排水，前期田间保持 3～5 厘米水层，抑制种子萌发；使用清洁水源，灌排时滤除杂草种子；配方施肥，平衡氮、磷、钾供应，增强水稻植株竞争力；使用腐熟不带草籽的肥料或直接使用化肥、复合肥等。

（2）化学防治　常用除草剂有 10％氰氟草酯（千金）乳油、40％莎稗磷乳油、60％丁草胺（灭草特、去草胺、马歇特）乳油、30％丙草胺（扫茀特）乳油、90％禾草丹（杀草丹、灭草丹）乳油、96％禾草敌（禾大壮、禾草特、环草丹、草达灭）乳油、360 克/升异噁草松（广灭灵、异噁草酮）微囊悬浮剂、1％噁嗪草酮悬浮剂、35.75％苄嘧·禾草丹可湿性粉剂、20％二氯·精噁唑可湿性粉剂等。

13. 如何识别眼子菜？

眼子菜又称鸭子草、野娃草、水案板、牙齿草、竹叶草、水上漂，是眼子菜科多年生水生漂浮草本植物。

（1）成株　具匍匐根状茎，茎细长，节上生根，其顶端数节的芽和顶芽膨大成"鸡爪芽"。叶有两型，浮水叶略带革质，具长柄，宽披针形、披针状卵形或卵状椭圆形，长 4～10 厘米，宽 2～4 厘米，全缘；顶端渐尖或钝圆，基部近圆形；叶脉弧形。沉水叶条状披针形，顶端尖，基部渐狭，

叶柄较短；托叶膜质，早
落。花序穗状圆柱形，
生于浮水叶的叶腋，花
小型，黄绿色。

（2）幼苗　子叶针
状。初生叶带状披针
形，先端急尖或锐尖，全
缘，托叶成鞘，顶端不伸
长。后生叶叶片有 3 条
明显叶脉，露出水面叶
渐变成卵状披针形。

（3）子实　小坚果

图 5　眼子菜

斜倒卵形，长 3～4 毫米，宽 3 毫米，背部具 3 条脊棱，中间
1 条具翅状突起，侧面两条较钝，顶端近扁平，具极短的
喙。种子近肾形，无胚乳。

14. 眼子菜的分布及发生规律是什么？

　　眼子菜分布于我国东北、华北、西北、西南、华中、华
东各省区，是水稻田常见的一种恶性杂草。土壤黏重的
稻田发生较重，北方稻田危害尤为严重。种子、根状茎或
根状茎上生长的越冬芽均可繁殖，以根茎无性繁殖为主，
具有很强的繁殖力，是稻田较难防除的杂草之一。根茎
萌芽的适温 20℃～35℃。通常 5～6 月份出苗，7～8 月份
开花结果，8～11 月份果实渐次成熟。

15. 如何防治眼子菜?

(1)**农业防治** 在发生严重的田块,合理进行水旱轮作;平整稻田,加强前期田间水层管理,保持土壤湿润,适当晒田;使用清洁水源,灌排时滤除眼子菜种子或根芽;选用生长竞争能力强的作物品种,适当密植;合理施肥,增强水稻植株竞争力;使用腐熟不带草籽或根芽的农家肥。

(2)**化学防治** 常用除草剂有56%2甲4氯钠可溶粉剂、25%西草净可湿性粉剂、50%扑草净可湿性粉剂、20%苄·乙可湿性粉剂、25%醚磺·乙草胺可湿性粉剂、5.3%丁·西颗粒剂等。

16. 如何识别矮慈姑?

矮慈姑又称瓜皮草、鸭舌头草、蒲鸡头,是泽泻科多年生沼生草本植物。

(1)**成株** 须根发达,白色,有地下根茎,顶端膨大成小型球茎。茎直立,株高10~18厘米。叶基生,无柄,条形或条状披针形,先端钝圆,基部渐狭,两面无毛,稍厚,网脉明显。花茎直立,高10~15厘米,花轮生,有花2~3轮,单性,雌花通常1朵,无梗,着生于下部;雄花2~5朵,有1~3厘米细长梗。苞片长椭圆形;钝头。萼片3,倒卵形。花瓣3,白色。雄蕊12,花丝扁而宽。心皮多数,扁平,集成圆球形。

(2)**幼苗** 子叶出土,针状,长约8毫米。下胚轴明显,基部与初生根交接处有1膨大呈球状的颈环,周缘伸出细长的根毛,刚萌发的幼苗借此固定于泥土中;上胚轴不发育。初生叶1片,互生,带状披针形,先端锐尖,有3条纵脉及其之间的横脉构成网状脉。后生叶与初生叶相似,第二后生叶呈线状倒披针形,纵脉较多。子叶针状。下胚轴与初生根连接处膨大成球状颈环。初生叶带状披针形,3条纵脉与其间横脉构成方格状。后生叶纵脉更多。露出水面叶呈带状。

图6　矮慈姑

（3）子实　种子(瘦果)宽倒卵形,长3毫米,宽4～5毫米。顶端圆形,两侧具狭翅,翅缘有鸡冠状锯齿。

17. 矮慈姑的分布及发生规律是什么?

矮慈姑分布于长江流域及其以南地区,陕西、河南等地的稻田亦有发生。植株耐荫蔽,田间稻株封行后仍可大量发生,多发生于中稻或晚稻田,为稻田恶性杂草。主要与水稻争养分和水分,影响水稻的分蘖。以种子或球茎繁殖,带翅的种子(瘦果)可以漂浮水面,随水流传播。矮慈姑通常4～5月份出苗(一般在整地后4～6天发生),6～9月份不断产生地下根茎进行无性分枝繁殖,9～10月份地下根茎端形成球茎,6～11月份开花,结果后死亡,是稻田常见杂草。

18. 如何防治矮慈姑？

（1）农业防治　在发生严重的田块,适当进行水旱轮作；平整稻田,加强前期田间水层管理,防止干湿交替；使用清洁水源,灌排时滤除矮慈姑种子或根（球）茎；选用竞争能力强的作物品种,适当密植；合理施肥,平衡土壤养分供应,增强水稻植株竞争力；使用腐熟不带种子或根茎的肥料。

（2）化学防治　常用除草剂有 30％丙草胺（扫茀特）乳油、480 克/升灭草松（苯达松、排草丹、百草克）水剂、25克/升五氟磺草胺（稻杰）油悬浮剂、25％西草净可湿性粉剂、10％苄嘧磺隆（农得时、稻无草、苄磺隆）可湿性粉剂、20％苄·乙可湿性粉剂、13％2 甲 4 氯钠盐水剂等。

19. 如何识别牛毛毡？

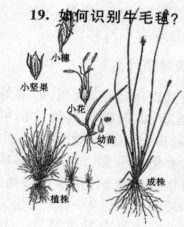

小穗
小坚果
小花
幼苗
成株
植株

图 7　牛毛毡

牛毛毡又称牛毛草、松毛蔺、猫毛草,是莎草科多年生湿生性草本植物。

（1）成株　具极纤细的匍匐地下根状茎,白色。秆细如毛发,密集丛生,常密被稻田表面如同毛毡状,株高 3～10厘米。叶退化,成鞘状或鳞片状。小穗单一,顶生,卵形或广披针形；淡紫色,花少数。

鳞片膜质；下部鳞片近 2 列，基部的 1 片长圆形，顶端钝，有 3 脉，抱小穗基部一周；其余鳞片卵形，顶端极尖，具 1 脉，背部淡绿色，两侧棕色或紫色，缘膜质。具下位刚毛 1～4，长为小坚果的 2 倍，其上有倒齿。柱头 3，具褐色小点。

（2）幼苗　全株光滑。第 1 片真叶针状，无脉，长仅 1 厘米，直径约 0.2 毫米。横切面圆形，中间有 2 个气腔，无明显的叶脉，叶鞘薄而透明。第二片真叶与前者相似。

（3）子实　小坚果长椭圆状，倒卵形，长约 1.8 毫米，无棱，淡黄色或苍白色。表面具隆起的细密整齐的横长圆形网纹。花柱基短尖状。

20. 牛毛毡的分布及发生规律是什么？

牛毛毡除西藏、新疆少数地区外，全国水稻田几乎均有分布。池塘边、河滩地及渠岸等湿地也有发生，尤以长江流域低湿的冷水水稻秧田及移栽田较多。虽然牛毛毡植株矮小，但繁殖力极强，蔓延迅速，营养繁殖（通过地下茎）极为发达。发生重时，在稻田土表形成一层毡状覆盖，会夺走大量的土壤养分和水分，使水稻分蘖受阻，对产量影响很大，为水稻田恶性杂草，防除不易。

以种子和匍匐根茎繁殖。越冬根茎和种子 5～6 月份相继萌发出土，夏季开花结实，8～10 月份种子成熟，同时产生大量根茎和越冬芽。

21. 如何防治牛毛毡？

（1）农业防治　平整稻田，加强前期田间水层管理，适当晒田；使用清洁水源，灌排时滤除牛毛毡种子或匍匐根茎；选用生长竞争能力强的作物品种，合理密植；配方施肥，平衡氮、磷、钾供应，增强水稻植株竞争力；使用腐熟不带草籽或根茎的肥料；在发生严重的田块，适当进行水旱轮作。

（2）化学防治　常用除草剂有 60％丁草胺（灭草特、去草特、马歇特）乳油、96％禾草敌（禾大壮、禾草特、环草丹、草达灭）乳油、25 克/升五氟磺草胺（稻杰）油悬浮剂、13％噁草酮（农思它）乳油、90％禾草丹（杀草丹、灭草丹）乳油、10％苄嘧磺隆（农得时、稻无草、苄磺隆）可湿性粉剂、10％吡嘧磺隆（草克星、水星）可湿性粉剂、480 克/升灭草松（苯达松、排草丹、百草克）水剂、56％ 2 甲 4 氯钠可溶粉剂等。

22. 如何识别水莎草？

水莎草又称水三棱、三棱草，是莎草科多年生草本植物。

（1）成株　具匍匐根状茎，茎细长，顶端数节膨大。秆散生，直立，高 30～100 厘米，较粗壮，扁三棱形，花时略高出水稻。叶片条形，稍粗糙，叶基部对折，上部平展，叶鞘腹面棕色。叶状苞片 3～4 枚，长

图 8　水莎草

于花序。长侧枝聚伞花序复出,花序轴被稀疏短硬毛,有4～7个长短不等的辐射枝,每枝有1～3个穗状花序,每一穗状花序具4～18个小穗;小穗条状披针形,稍膨胀。小穗轴宿存,含多数小花,有白色透明的翅;鳞片2列,宽卵形,顶端钝,背部中肋绿色,两侧红褐色。雄蕊3,柱头2。

(2)幼苗 全株光滑。第1片真叶线状披针形,横剖面呈三角形,有5条明显的平行脉,叶片与叶鞘分界不明显。叶鞘膜质透明,有5条呈淡褐色的脉。第二片真叶的横剖面近"V"字形,具7条脉,腹面凹下;第三片真叶横剖面呈"V"字形,具9条脉。

(3)子实 小坚果椭圆形或倒卵形,双凸镜状,棕色,背腹压扁,面向小穗轴,长1.5～2毫米,表面具细小突起。

23. 水莎草的分布及发生规律是什么?

水莎草分布几乎遍及全国各水稻产区,以长江流域地区发生和危害较重。生于稻田及浅水沟渠内或湿地上,为稻田恶性杂草。其根状茎繁殖力强,可节节萌芽成株,手拔费工费力,根茎常留存土中,是目前较难防除的一种杂草。新垦稻田或耕作较为粗放的稻田发生尤为严重,有时成片危害,不过做熟的田块,发生较少。

以根状茎和种子繁殖。最低萌发温度为5℃,最适20℃～30℃,最高温度45℃。通常在5～6月份出苗,7～8月份开花,9～11月份成熟。小坚果渐次成熟脱落。

24. 如何防治水莎草？

（1）农业防治　冬季休耕时深翻晒田，杀死或冻死地下根茎；在发生严重的田块，合理进行水旱轮作；精耕细作，平整稻田；加强前期田间水层管理，防止干湿交替；使用清洁水源，灌排时滤除水莎草种子或根状茎；选用生长速度快、竞争能力强的作物品种，适当密植；合理施肥，平衡氮、磷、钾供应，增强水稻植株竞争力；使用腐熟不带种子或根茎的肥料。

（2）化学防治　常用除草剂有 25％西草净可湿性粉剂、50％苯噻酰草胺可湿性粉剂、80％丙炔噁草酮（稻思达）可湿性粉剂、10％苄嘧磺隆（农得时、稻无草、苄磺隆）可湿性粉剂、10％吡嘧磺隆（草克星、水星）可湿性粉剂、30％ 2 甲·氯氟吡可湿性粉剂、36％苄嘧·扑草净可湿性粉剂、480 克/升灭草松（苯达松、排草丹）水剂、13％ 2 甲 4 氯钠水剂、30％丙草胺（扫弗特）乳油、1％噁嗪草酮悬浮剂等。

参考文献

[1] 《中国农田杂草原色图谱》编委会．中国农田杂草原色图谱．北京：中国农业出版社,1992.

[2] 陈树文,苏少范．农田杂草识别与防除新技术．北京：中国农业出版社,2007.

[3] 丁锦华,苏建亚．农业昆虫学（南方本）．北京：中国农业出版社,2002.

[4] 傅强,黄世文．水稻病虫害诊断与防治原色图谱．北京：金盾出版社,2005.

[5] 李扬汉．中国杂草志．北京：中国农业出版社.1998.

[6] 李照会．农业昆虫鉴定．北京：中国农业出版社,2002.

[7] 王枝荣．中国农田杂草原色图谱．北京：中国农业出版社.1992.

[8] 吴降星．水稻病虫识别与防治图谱．杭州：浙江科学技术出版社,2006.

[9] 仵均祥．农业昆虫学（北方本）．北京：中国农业出版社,2002.

[10] 夏声广,唐启义．水稻病虫草害防治原色生态图谱．北京：中国农业出版社,2006.

[11] 辛惠普．北方水稻病虫害防治彩色图谱．北京：中国农业出版社,2004.

［12］ 颜玉树．水田杂草幼苗原色图谱．北京：科学技术文献出版社．1990.

［13］ 印丽萍、颜玉树．杂草种子图鉴．北京：中国农业科学技术出版社．1996.

［14］ 张玉聚，等．中国农业病虫草害防治新技术原色图解．北京：中国农业科学技术出版社，2009.

［15］ 张玉聚．除草剂应用与销售技术服务指南．北京：金盾出版社，2004.

［16］ 植物病虫草鼠害防治大全编写组编．植物病虫草鼠害防治大全．合肥：安徽科学技术出版社，1996.

［17］ 中国科学院植物研究所．中国植物图像库（http：//www. plantphoto. cn/）. 2011.